安徽现代农业职业教育集团
服务"三农"系列丛书

Xuchanpin Jiagong Shiyong Jishu

# 畜产品加工实用技术

主　编　李先保

副主编　郑海波

U0241004

北京师范大学出版集团
BEIJING NORMAL UNIVERSITY PUBLISHING GROUP
安　徽　大　学　出　版　社

**图书在版编目(CIP)数据**

畜产品加工实用技术/李先保主编. —合肥：
安徽大学出版社,2014.1
（安徽现代农业职业教育集团服务"三农"系列丛书）
ISBN 978 - 7 - 5664 - 0675 - 0

Ⅰ. ①畜… Ⅱ. ①李… Ⅲ. ①畜产品－加工 Ⅳ. ①TS251

中国版本图书馆 CIP 数据核字(2013)第 302095 号

**畜产品加工实用技术**　　　　　　　　　　李先保　主编

**出版发行：** 北京师范大学出版集团
安　徽　大　学　出　版　社
（安徽省合肥市肥西路 3 号 邮编230039）
www. bnupg. com. cn
www. ahupress. com. cn
**印　　刷：** 安徽省人民印刷有限公司
**经　　销：** 全国新华书店
**开　　本：** 148mm×210mm
**印　　张：** 5
**字　　数：** 134 千字
**版　　次：** 2014 年 1 月第 1 版
**印　　次：** 2014 年 1 月第 1 次印刷
**定　　价：** 12.00 元
ISBN 978 - 7 - 5664 - 0675 - 0

**策划编辑：** 李　梅　武溪溪　　　　　　**装帧设计：** 李　军
**责任编辑：** 武溪溪　薛淑敏　　　　　　**美术编辑：** 李　军
**责任校对：** 程中业　　　　　　　　　　**责任印制：** 赵明炎

# 丛书编写领导组

| 组　长 | 程　艺 | | | |
|---|---|---|---|---|
| 副组长 | 江　春 | 周世其 | 汪元宏 | 陈士夫 |
| | 金春忠 | 王林建 | 程　鹏 | 黄发友 |
| | 谢胜权 | 赵　洪 | 胡宝成 | 马传喜 |
| 成　员 | 刘朝臣 | 刘　正 | 王佩刚 | 袁　文 |
| | 储常连 | 朱　彤 | 齐建平 | 梁仁枝 |
| | 朱长才 | 高海根 | 许维彬 | 周光明 |
| | 赵荣凯 | 肖扬书 | 李炳银 | 肖建荣 |
| | 彭光明 | 王华君 | 李立虎 | |

# 丛书编委会

| 主　任 | 刘朝臣 | 刘　正 | | |
|---|---|---|---|---|
| 成　员 | 王立克 | 汪建飞 | 李先保 | 郭　亮 |
| | 金光明 | 张子学 | 朱礼龙 | 梁继田 |
| | 李大好 | 季幕寅 | 王刘明 | 汪桂生 |

# 丛书科学顾问

（按姓氏笔画排序）

王加启　张宝玺　肖世和　陈继兰　袁龙江　储明星

# 序

解决"三农"问题,是农业现代化乃至工业化、信息化、城镇化建设中的重大课题。实现农业现代化,核心是加强农业职业教育,培养新型农民。当前,存在着农民"想致富缺技术,想学知识缺门路"的状况。为改变这个状况,现代农业职业教育必然要承载起重大的历史使命,着力加强农业科学技术的传播,努力完成培养农业科技人才这个长期的任务。农业科技图书是农业科技最广博、最直接、最有效的载体和媒介,是当前开展"农家书屋"建设的重要组成部分,是帮助农民致富和学习农业生产、经营、管理知识的有效手段。

安徽现代农业职业教育集团组建于 2012 年,由本科高校、高职院校、县(区)中等职业学校和农业企业、农业合作社等 59 家理事单位组成。在理事长单位安徽科技学院的牵头组织下,集团成员牢记使命,充分发掘自身在人才、技术、信息等方面的优势,以市场为导向、以资源为基础、以科技为支撑、以推广技术为手段,组织编写了这套服务"三农"系列丛书,全方位服务安徽"三农"发展。本套丛书是落实安徽现代农业职业教育集团服务"三农"、建设美好乡村的重要实践。丛书的编写更是凝聚了集体智慧和力量。承担丛书编写工作的专家,均来自集团成员单位内教学、科研、技术推广一线,具有丰富的农业科技知识和长期指导农业生产实践的经验。

　　丛书首批共 22 册,涵盖了农民群众最关心、最需要、最实用的各类农业科技知识。我们殚精竭虑,以新理念、新技术、新政策、新内容,以及丰富的内容、生动的案例、通俗的语言、新颖的编排,为广大农民奉献了一套易懂好用、图文并茂、特色鲜明的知识丛书。

　　深信本套丛书必将为普及现代农业科技、指导农民解决实际问题、促进农民持续增收、加快新农村建设步伐发挥重要作用,将是奉献给广大农民的科技大餐和精神盛宴,也是推进安徽省农业全面转型和实现农业现代化的加速器和助推器。

　　当然,这只是一个开端,探索和努力还将继续。

安徽现代农业职业教育集团

2013 年 11 月

　　畜产品是畜牧业生产的初级产品。虽然有些可被人们直接利用,但大多数必须经过加工处理后才能提高其利用价值。畜产品加工的范围很广,主要包括肉品、乳品、蛋品及皮毛等产品的加工生产。随着科学技术的发展和社会需求的变化,食品加工已形成一门独立的学科。本书主要介绍与食品加工有关的肉、奶、蛋的加工原理、加工技术、配方及操作方法。

　　近年来,随着我国社会主义市场经济的发展,特别是改革开放的不断深入,畜产品的产量增长较快,有些产品产量已达到或超过世界平均水平。一些个体、集体养殖专业户的生产规模也不断扩大、产量不断提高,为畜产品加工业提供了充足的原料。随着人们生活水平的提高和生活节奏的加快,人们不仅对肉、奶、蛋的需求量增大,而且对方便快捷、营养全面的肉、奶、蛋加工产品的需求也不断增加。广大养殖专业户迫切需要学习有关畜产品加工方面的实用技术,改变仅仅出售原料产品的现状,以生产出优质的肉、奶、蛋加工产品,获取更大的经济效益。为此,我们编写了《畜产品加工实用技术》一书。

　　本书分为肉品加工、乳品加工和蛋品加工三部分。每一部分在扼要介绍基础知识的同时,也较为详细地介绍了肉、奶、蛋的贮藏技术和方法。在编写过程中,我们力求语言通俗易懂,并注重实用性和可操作性,使初学者在阅读本书后,就能独立操作,生产出优质合格的产品。

　　本书由李先保、郑海波编写。由于时间仓促,经验不足,书中难免有错误和不足之处,敬请广大读者批评指正。

编　者

2013 年 11 月

# 目 录

# 第一章
# 概述

俗话说"民以食为天"，饮食是人类生存的最基本需求。人类在历史发展过程中，逐渐发现了各种食物原料，并创造了许多制作方法，留下了灿烂的饮食文化。进入现代社会，人类对食物的了解更加深入，创新了许多食物加工方法，满足了社会日益增长的饮食需求。

畜产品作为人类饮食的重要组成部分，有着众多的食品种类。畜产食品一般指肉制品、乳制品、蛋制品三大类，每一大类中又包含不同的小类，小类中也包含不同的制品。本章首先介绍畜产品的种类有哪些，以便于大家对畜产品有个整体的认识和了解。

## 一、肉制品分类

### 1. 肉制品的分类

世界上的各个国家、各个地区，由于地理环境、气候条件、物产、民族、宗教、经济、饮食习惯和嗜好等因素的差别，所以肉制品的种类、加工程度和方法、风味也不尽相同。因此，不同国家、不同地区的肉制品分类方法也存在很大差异。

**(1)中国肉制品分类** 肉制品是指以肉或可食动物内脏为原料加工制成的产品。我国肉制品的种类繁多，仅名、特、优肉制品就已有 500 多种，而且新的产品还在不断涌现。根据我国肉制品特征和产品的加工工艺,肉制品可分为十大类,见表 1-1。

表 1-1　我国肉制品分类

| 序号 | 门类 | 类别 |
|---|---|---|
| 1 | 香肠制品 | 中式香肠类 |
| | | 发酵香肠类 |
| | | 熏煮香肠类 |
| | | 生鲜肠类 |
| | | 其他肠类 |
| 2 | 火腿制品 | 干腌火腿类 |
| | | 熏煮火腿类 |
| | | 压缩火腿类 |
| 3 | 腌腊制品 | 腊肉类 |
| | | 咸肉类 |
| | | 酱封肉类 |
| | | 风干肉类 |
| 4 | 酱卤制品 | 白煮肉类 |
| | | 酱卤肉类 |
| | | 糟肉类 |
| 5 | 熏烧烤制品 | 熏烤肉类 |
| | | 烧烤肉类 |
| 6 | 干制品 | 肉松类 |
| | | 肉干类 |
| | | 肉脯类 |
| 7 | 肉炸制品 | 挂糊炸肉类 |
| | | 清炸肉类 |
| 8 | 调理肉制品 | 生鲜调理肉制品类 |
| | | 冷冻调理肉制品类 |
| 9 | 罐藏制品 | 硬罐头类 |
| | | 软罐头类 |
| 10 | 其他制品 | 肉糕类 |
| | | 肉冻类 |

**(2)国外肉制品分类**

①美国。美国是世界上最著名的肉类生产和消费大国。依据2004年1月1日版《联邦法典》(9CFR，Code of Federal Regulation)，美国的肉制品可分为：生肉制品；熟肉，主要指烤肉；腌肉(烟熏或不烟熏)，包括咸牛肉制品、咸猪肉制品、火腿馅饼、压缩火腿、调味火腿及类似产品、田园(式)火腿、干腌火腿、田园(式)猪肩肉和干腌猪肩肉、培根；鲜肉肠，包括鲜猪肉肠、鲜牛肉肠、早餐肠、全猪肉肠、意大利香肠制品、生熏肠；熟香肠，包括法兰克福香肠、热狗肠、维也纳香肠、波洛尼亚香肠、肝肠等；午餐肉；肉糕；肉冻制品；布丁；罐装肉制品；冷冻和脱水肉制品；肉汤；肉色拉和肉糊；肉类混合制品。

②日本。在日本，涉及肉制品分类与编码的法律、法规主要有《日本农业标准》(Japanese Agricultural Standards，简称 JAS) 和《食品卫生法》等。《JAS》将日本市场上的肉制品分为四大类：火腿与培根、鲜肉火腿、香肠、咸牛肉。

③澳大利亚和新西兰。1995年12月，澳大利亚和新西兰两国政府共同签署了一份发展联合食品标准体系的协议，即《食品标准协议》。根据该协议，两国政府制定了《澳大利亚新西兰食品标准法典》(the Australia New Zealand Food Standards Code)。根据该法典的《标准1.6.2加工要求》和《标准2.2.1肉和肉制品》，澳大利亚的畜禽肉制品可分为肉干制品、野味肉制品、发酵碎肉制品、生发酵碎肉制品和半干热处理肉制品等几大类。

## 2.肉制品的定义

**(1)香肠制品** 香肠制品是指切碎的肉与辅料混合后，充填入肠衣内加工制成的肉制品，主要包括中式香肠、发酵香肠、熏煮香肠和生鲜肠等。

①中式香肠类。中式香肠是指将猪肉切碎或绞碎成丁，添加食盐、(亚)硝酸钠、白糖等辅料腌制后，充填入可食性肠衣中，经晾晒、风

干或烘烤等工艺制成的肠类制品,如四川香肠、枣肠、风干肠、腊肠等。

②发酵香肠类。发酵香肠是指将猪、牛肉绞碎或粗斩成颗粒,添加食盐、(亚)硝酸钠、白糖、酱油等辅助材料,并经自然发酵或人工接种,充填入肠衣中,经发酵、干燥、成熟等工艺制成的具有稳定的微生物特性和典型的发酵香味的肉制品。发酵香肠包括图林根香肠、色拉米香肠等。

③熏煮香肠类。熏煮香肠是指将肉腌制、绞碎、斩拌处理后,充填入肠衣内,再经蒸煮、烟熏等工艺制成的肉制品。熏煮香肠包括法兰克福香肠、哈尔滨红肠、天津火腿肠、北京大腊肠等。

④生鲜肠类。生鲜肠类制品是指未腌制的原料肉经绞碎并添加辅料混匀后,冲入肠衣内制成的生肉制品。

⑤其他肠类。除以上四种香肠之外的肠类,一般应经过如下处理:切碎、绞碎或乳化加工;调味处理;充填入肠衣。

**(2)火腿制品** 火腿制品是指带骨或不带骨的、整块或绞碎成10毫米以上颗粒的鲜(冻)畜禽肉,经过注射、滚揉(搅拌)、腌制、灌入肠衣成型或直接成型、蒸煮或熏煮、发酵而成的一类肉制品,主要包括下述几类产品:

①干腌火腿类。干腌火腿是猪后腿肉经腌制、干燥和成熟发酵等工艺加工而成的生腿制品。著名的产品有金华火腿、宣威火腿、如皋火腿、帕尔玛火腿、伊比利亚火腿、美国的乡村火腿等。

②熏煮火腿类。熏煮火腿是大块肉经盐水注射腌制、嫩化滚揉、充填入模具或肠衣中,再经熟制、烟熏等工艺制成的熟肉制品。熏煮火腿类制品包括盐水火腿、方腿、熏圆腿和庄园火腿等。

③压缩火腿类。压缩火腿是在小块肉中加入芡肉后经腌制、滚揉、充填入肠衣或模具中熟制,再经烟熏等工艺制成的熟肉制品。压缩火腿的淀粉含量≤5%。

**(3)腌腊制品** 腌腊制品是肉经腌制、酱渍、晾晒或烘烤等工艺制成的生肉制品,食用前需经熟制加工。腌腊制品包括咸肉、腊肉、酱风肉和风干肉等。

①咸肉类。咸肉是预处理过的原料肉经腌制加工而成的肉制品，如咸猪肉、咸水鸭、腌鸡等。

②腊肉类。腊肉是原料肉经腌制、烘烤或晾晒干燥而成的肉制品，如腊猪肉、腊羊肉、腊牛肉、腊兔、腊鸭等。

③酱风肉类。酱风肉是原料肉用甜酱或酱油腌制后，再经风干或晒干、烘干、熏干等工艺加工而成的肉制品，如酱风猪肉等。

④风干肉类。风干肉是原料肉经预处理后，晾挂干燥而成的肉制品，如风鹅、风鸡等。

**(4)酱卤制品** 酱卤制品是指原料肉加调味料和香辛料后，水煮而成的熟肉制品，主要产品包括白煮肉、酱卤肉、糟肉等。

①白煮肉类。白煮肉是预处理过的原料肉在水（盐水）中煮制而成的肉制品，一般食用时调味，如白斩鸡、白切猪肚、盐水鸭等。

②酱卤肉类。酱卤肉是原料肉预处理后，添加食盐、香辛料和调味料煮制而成的肉制品，如烧鸡、酱汁肉、酱鸭等。

③糟肉类。糟肉是煮制后的肉，用酒糟等糟制而成的肉制品，如糟鸡、糟鱼、糟鹅等。

**(5)熏烧烤制品** 熏烧烤制品是指经腌制或熟制后的肉，以熏烟、高温气体或固体、明火等为介质热加工制成的熟肉制品，包括熏烤类和烧烤类产品。

①熏烤类。熏烤类产品是熟制后的肉经烟熏工艺加工而成的熟肉制品，如熏鸡、熏口条、培根等。

②烧烤类。烧烤类产品是指原料肉预处理后，经高温气体或固体、明火等煨烤而成的肉制品，如烤鸭、烤乳猪、烤鸡、叉烧肉、叫化鸡、盐焗鸡等。

**(6)干制品** 干制品是指瘦肉经熟制、干燥工艺和调味后直接干燥热加工而成的熟肉制品，主要产品包括肉干、肉松和肉脯等。

①肉干类。肉干是指原料肉调味煮制后，经脱水干燥而成的块

(条)状干肉制品。肉干类产品包括牛肉干、猪肉干等。

②肉松类。肉松是指原料肉调味煮制后,经炒松、干燥制成的絮状或团粒状产品。肉松类产品包括肉松、油酥肉松、肉粉松等。

• 肉松指瘦肉经煮制、撇油、调味、收汤、炒松、搓松和干燥等工艺制成的肌肉蓬松成絮状的肉制品,如太仓肉松。

• 油酥肉松指瘦肉经煮制、撇油、调味、收汤、炒松、搓松,再加入食用油脂炒制而成的,肌肉纤维断碎成团粒状的肉制品,如福建肉松等。

• 肉粉松指瘦肉经煮制、撇油、调味、收汤、炒松、搓松,再加入食用油脂和谷物粉炒制而成的团粒状、粉状肉制品。油酥肉松和肉粉松的主要区别在于,后者添加了较多的谷物粉,故动物蛋白质的含量较低。

③肉脯类。肉脯是指原料肉预处理后,经烘干烤制而成的薄片状干肉制品,包括肉脯、肉糜脯等。

• 肉脯指瘦肉经切片、调味、摊筛、烘干、烤制等工艺制成的薄片型肉制品,如靖江猪肉脯等。

• 肉糜脯指瘦肉经绞碎、调味、摊筛、烘干和烤制等工艺制成的薄片型肉制品,如美味猪肉脯等。

**(7)油炸制品** 油炸制品是指调味或挂糊后的肉(生品、熟制品),经高温油炸或浇淋而制成的熟肉制品。根据制品油炸时的状态,油炸制品可分为挂糊炸肉和清炸肉两类。典型产品有炸肉丸、炸鸡腿、麦乐鸡等。

①挂糊炸肉类。经挂糊上浆后油炸而成的制品。油炸前,用面粉或鸡蛋等调制成具有黏性的糊浆,把调好形的小块原料在其中蘸涂进行挂糊。若把生粉和其他辅料直接加在原料上则称为"上浆"。挂糊、上浆使肉表面光润柔滑,炸制后外脆里嫩。

②清炸肉类。直接投入热油中炸制而成的制品。

**(8)调理肉制品** 调理肉制品是以畜禽肉为主要原料加工配制而成的,经简便处理即可食用的肉制品。调理肉制品按其加工方式和运销储存特性,可分为低温调理类制品和常温调理类制品。低温调理类制品包括冻藏类制品(－18℃)和冷藏类制品(4℃)。

**(9)罐藏制品** 罐藏制品是畜禽肉调制后装入罐头容器或软包装中,经排气、密封、杀菌、冷却等工艺加工而成的耐贮藏食品。根据采用的容器特征,罐藏制品可分为硬罐头制品和软罐头制品两类。软罐头的加工原理及工艺方法与硬罐头相似,但采用的是软质包装材料。

①硬罐头类。硬罐头类肉制品是指将肉类原料加工处理后,装入硬质罐头容器内,经排气、密封、杀菌后,能长期贮藏而不变质,且食用方便的食品。硬罐头容器有金属罐、玻璃罐等。

②软罐头类。软罐头类肉制品是指将肉类原料加工处理后,装入蒸煮袋内,经热熔封口、适度的加热杀菌,能长期贮藏而不变质,且食用方便的食品。蒸煮袋有透明蒸煮袋、铝箔蒸煮袋等。

**(10)其他制品** 其他制品包括肉糕类制品和肉冻类制品。

①肉糕类。肉糕类制品是肉经绞碎、切碎或斩拌,添加辅料和配料(大多添加各种蔬菜)装入模具后,经蒸制或烧烤等工艺制成的肉制品,如肝泥糕、舌肉糕等。

②肉冻类。肉冻类制品是肉经调味蒸煮后充填入模具中(或添加各种经调味、煮熟后切碎的蔬菜),以食用明胶为黏结剂,经冷却加工制成的凝冻状的半透明肉制品,如肉皮冻、水晶肠等。

# 二、乳制品分类

## 1.乳制品的分类

乳制品是指生鲜牛(羊)乳及其制品经加工而制成的各种产品。中国乳制品工业协会2003年颁布的《乳制品企业生产技术管理规则》(中乳协[2003]26号)将乳制品分为七大类。每一大类又包含若干小类,目前对小类的划分还没有统一标准。

这七大类分别是:液体乳类、乳粉类、乳脂类、炼乳类、干酪类、冰淇淋类、其他乳制品类。

## 2.乳制品的定义

**(1)液体乳类** 液体乳是指新鲜牛乳、稀奶油等经净化、杀菌、均质、冷却、包装后直接供应给消费者饮用的商品乳。

①按原料奶成分分类。

• 生鲜牛奶,又称"生奶"、"生鲜牛乳",指从健康牛体挤下的牛乳,经过滤、冷却,但未巴氏杀菌的牛乳。

• 混合奶,又称"混合乳",指用生鲜牛乳与复原奶或再制奶以某种比率相互混合而成的混合物。

• 还原奶,又称"复原奶",指用全脂奶粉和水勾兑成的,成分符合标准(GB6914《生鲜牛奶收购标准》)的液态奶。

• 再制奶,指用脱脂奶粉与奶油或无水奶油等乳脂肪以及水混合勾兑而成的、符合标准(GB6914《生鲜牛奶收购标准》)的液态奶。

②按杀菌强度分类。

• 巴氏杀菌乳是指依照中国国家标准(GB5408.1《巴氏杀菌奶》),生鲜牛乳或羊乳经巴氏杀菌工艺而制成的液态乳。

• 低温杀菌乳,又称"保温杀菌乳",指经62～65℃、30分钟保温杀菌后,非无菌条件下灌装的乳。此杀菌方式可以杀灭乳中的病原菌,包括耐热性较强的结核菌。

• 高温短时杀菌乳指牛乳经72～75℃、15～20秒,或稀奶油经80～85℃、1～5秒杀菌后,非无菌条件下灌装的乳。此杀菌方式受热时间短、热变性现象少、风味浓厚、无蒸煮味。牛乳经热处理杀菌,磷酸酶被破坏,磷酸酶试验呈阴性;稀奶油经热处理杀菌,过氧化氢酶被破坏,过氧化氢酶试验呈阴性。

• 超巴氏杀菌乳是指热处理强度接近甚至超过超高温杀菌乳,处理温度120～138℃,时间保持2～4秒,但在非无菌条件下灌装,并冷却到7℃以下的乳。其货架期比巴氏杀菌乳长,可达30～40天。

• 灭菌乳是指原料乳经脱脂或不脱脂,不添加辅料,并经高温灭菌而制成的液态乳。

• 超高温瞬时杀菌乳指经 120～150℃、0.5～8 秒杀菌,并采用无菌灌装技术的乳。此杀菌方式,由于耐热性细菌都会被杀死,故保存性高。

• 高温长时灭菌乳指将乳预先杀菌,再经 110～120℃、10～20 分钟加压灭菌的液态乳。

**(2)乳粉类** 以生牛(羊)乳为原料,经加工制成的粉状产品。按所用原料和加工工艺可分为如下几种:

①全脂乳粉。新鲜牛乳标准化后,经杀菌、浓缩、干燥等工艺加工而成。由于脂肪含量高,易被氧化,室温可保藏 3 个月。

②脱脂乳粉。用离心的方法将新鲜牛乳中的绝大部分脂肪分离去除后,再经杀菌、浓缩、干燥等工艺加工而成,由于脱除了脂肪,所以产品保藏性良好。

③速溶乳粉。脱脂牛乳经过特殊的工艺操作而制成的乳粉,对温水或冷水具有良好的润湿性、分散性及溶解性。

④配制乳粉。在牛乳中添加某些必要的营养物质后再经杀菌、浓缩、干燥等工艺加工而成,如婴儿乳粉、学生乳粉、孕妇乳粉、营养强化乳粉、降糖乳粉等。

⑤加糖乳粉。新鲜牛乳经标准化后,加入一定量的蔗糖,再经杀菌、浓缩、干燥等工艺加工而成。

⑥冰淇淋乳粉。在牛乳中配以乳脂肪、香料、稳定剂、抗氧化剂、蔗糖或一部分植物油等物质后再经干燥而制成。

⑦奶油粉。稀奶油经干燥而制成的粉状物,与稀奶油相比,保藏期长,贮藏和运输方便。

⑧麦精乳粉。在牛乳中添加可溶性麦芽糖、糊精、香料等,再经真空干燥而制成的奶油。

⑨乳清粉。将制造干酪的副产品乳清进行干燥而制成。根据用途可分为普通乳清粉、脱盐乳清粉、浓缩乳清粉等。

⑩酪乳粉。将酪乳干燥而制成的粉状物。

**(3)乳脂类** 乳经分离后得到的含脂量高的部分称为稀奶油,稀奶油经成熟、搅拌、压炼而制成的乳制品称为奶油。根据制造方法,奶油可以分为三类:

①鲜制奶油。用杀菌稀奶油制成的淡或咸的奶油。

②酸制奶油。杀菌稀奶油经过添加发酵剂发酵制成的淡或咸的奶油。

③重制奶油。熔融了的稀奶油或奶油除去蛋白质和水后制成的奶油。

**(4)炼乳类** 炼乳是指原料乳经真空浓缩,除去大部分水分后制成的产品。

①淡炼乳。以乳和(或)乳粉为原料,添加或不添加食品添加剂、食品营养强化剂经加工制成的黏稠状液体产品。淡炼乳包括高脂淡炼乳、全脂淡炼乳、部分脱脂淡炼乳、脱脂淡炼乳。

②甜炼乳。以乳和(或)乳粉、白砂糖为原料,添加或不添加食品添加剂、食品营养强化剂经加工制成的黏稠状液体产品。甜炼乳包括高脂加糖炼乳、全脂加糖炼乳、部分脱脂加糖炼乳、脱脂加糖炼乳。

③调制炼乳。以乳和(或)乳粉为主料,添加辅料后经加工制成的黏稠状液体产品。调制炼乳包括调制淡炼乳、调制加糖炼乳。

**(5)干酪类** 干酪是在乳中加入适量的乳酸菌发酵剂发酵后,添加凝乳酶使之凝固后,切块、加温搅拌、排除乳清,再经过压榨成型、盐渍等工序制得的产品。制成后未经发酵成熟的产品称为"新鲜干酪";经长时间发酵成熟再上色挂蜡而制得的产品,称为"成熟干酪"。

①天然干酪。以乳、稀奶油、部分脱脂乳、酪乳或它们的混合物为原料,添加乳酸菌发酵,并添加凝乳酶使之凝固后,切块、加温搅拌、排除乳清,再经过压榨成型、盐渍工序而制得的新鲜或成熟的产品。

②融化干酪。用一种或一种以上的天然干酪,添加食品卫生标准所允许的添加剂(或不用添加剂),经粉碎、混合、加热融化、乳化后

而制成的产品。产品中含乳固体40％以上。

③干酪食品。用一种或一种以上的天然干酪或融化干酪，添加食品卫生标准所允许的添加剂（或不用添加剂），经粉碎、混合、加热融化而制成的产品。产品中干酪量须占50％以上。

**（6）冰淇淋类**　冷冻饮品包括六类产品：冰淇淋、雪糕、雪泥（雪霜）、冰棍（雪条）、甜味冰和食用冰。其中，冰淇淋、雪糕、雪泥属于乳品冷饮。

①冰淇淋。冰淇淋是饮用水、牛奶、奶粉、奶油（或植物油脂）、食糖等主要原料混合后，加入适量食品添加剂，经混合、灭菌、均质、老化、凝冻、硬化等工艺而制成的体积膨胀的冷冻制品。按所用原料中乳脂含量，冰淇淋分为全乳脂冰淇淋、半乳脂冰淇淋、植脂冰淇淋三种。

• 全乳脂冰淇淋是以饮用水、牛奶、奶油、食糖等为主要原料加工而成的乳脂含量在8％以上（不含非乳脂肪）的制品。全乳脂冰淇淋分为清型全乳脂冰淇淋、混合型全乳脂冰淇淋和组合型全乳脂冰淇淋三种。清型全乳脂冰淇淋：不含颗粒或块状辅料的制品，如奶油冰淇淋、可可冰淇淋等；混合型全乳脂冰淇淋：含有颗粒或块状辅料的制品，如葡萄冰淇淋、草莓冰淇淋等；组合型全乳脂冰淇淋：全乳脂、半乳脂或植脂（所占比率不低于50％）和其他冷冻饮品或巧克力、饼坯等组合而成的制品，如蛋卷冰淇淋、脆皮冰淇淋等。

• 半乳脂冰淇淋是以饮用水、奶粉、奶油、人造奶油和食糖等为主要原料加工而成的乳脂含量在2.2％以上的制品。同样分为清型半乳脂冰淇淋、混合型半乳脂冰淇淋和组合型半乳脂冰淇淋。

• 植脂冰淇淋是以饮用水、食糖、乳（植物乳或动物乳）、植物油脂或人造奶油为主要原料加工而成的制品。也分为清型植脂冰淇淋、混合型植脂冰淇淋和组合型植脂冰淇淋。

②雪糕。雪糕是饮用水、乳品、食糖、食用油脂等主要原料混合后，添加适量增稠剂、香料后，经混合、灭菌、均质或轻度凝冻、注模、冻结等工艺制成的冷冻产品。

• 清型雪糕:不含颗粒或块状辅料的制品,如橘味雪糕等。

• 混合型雪糕:含有颗粒或块状辅料的制品,如葡萄干雪糕、菠萝雪糕等。

• 组合型雪糕:与其他冷冻饮品或巧克力等组合而成的制品,如白巧克力雪糕、果汁雪糕等。

③雪泥。雪泥又称"冰霜",是饮用水、食糖等主要原料,添加增稠剂、香料后,经混合、灭菌、凝冻火低温炒制等工艺制成的一种松软冰雪状的冷冻饮品。它与冰淇淋的不同之处在于含油脂量极少,甚至不含油脂。雪泥糖含量较高,组织较冰淇淋粗糙,和冰淇淋、雪糕一样是一种清凉爽口的冷冻饮品。雪泥按照其制品的组织状态可分为清型雪泥、混合型雪泥与组合型雪泥三种。

• 清型雪泥:不含颗粒或块状辅料的制品,如橘子(橘味)雪泥、香蕉(香蕉味)雪泥、苹果(苹果味)雪泥、柠檬(柠檬味)雪泥等。

• 混合型雪泥:含有颗粒或块状辅料的制品,如巧克力刨花雪泥、菠萝雪泥等。

• 组合型雪泥:雪泥与其他冷饮品或巧克力、饼坯等组合而成的制品,主体雪泥所占比率不低于50%,如冰淇淋雪泥、蛋糕雪泥、巧克力雪泥等。

**(7)其他乳制品** 其他乳制品包括乳糖、浓缩乳清蛋白等。

# 三、蛋制品分类

## 1.蛋制品的分类

蛋制品的种类很多,按性质可归纳为八大类:洁蛋、干蛋品、湿蛋品、冰蛋品、腌蛋品、蛋品饮料、熟蛋、其他蛋制品。

## 2.蛋制品的定义

**(1)洁蛋** 洁蛋也称"清洁蛋"、"净蛋",是指带壳鲜蛋产出后,经过清洗、消毒、干燥、分级、涂膜、保鲜等工艺处理而成的制品。

**(2)干蛋品** 干蛋品是鲜蛋液经过干燥、脱水处理后制成的一类蛋品,包括蛋白片、全蛋粉、蛋黄粉等。

**(3)湿蛋品** 湿蛋品是将鲜蛋蛋壳去掉,进一步进行低温杀菌、加盐、加糖、蛋黄蛋白分离、冷冻、浓缩等处理,从而形成的一系列液体状态蛋制品。湿蛋品包括液态蛋白、液态蛋黄、液态全蛋和浓缩液蛋等几类。

**(4)冰蛋品** 冰蛋品是指蛋液在杀菌后装入罐内,进行低温冷冻后而形成的一类蛋制品。冰蛋品分为冰全蛋、冰蛋黄、冰蛋白三种。

**(5)腌蛋品** 腌制蛋也叫"再制蛋",它是在保持蛋原形的情况下,经过加工处理后制成的蛋制品,包括松花蛋、糟蛋和咸蛋三种。

①松花蛋。松花蛋因成品蛋清上有似松花样的花纹而得名,又因成品的蛋清似皮冻、有弹性而称"皮蛋"。松花蛋切开后可见蛋黄呈不同的多色状,故又称"彩蛋"。此外,还有"泥蛋"、"碱蛋"、"便蛋"以及"变蛋"之称。根据蛋黄组织状态,松花蛋可分为溏心皮蛋(京彩蛋)和硬心皮蛋(湖彩蛋)两大类。

②糟蛋。糟蛋是用糯米饭作培养基,用酒曲作菌种酿制成糟,再用此糟来糟制鲜鸭蛋而制成的蛋制品。糟蛋根据成品外形可分为软壳糟蛋和硬壳糟蛋。软壳糟蛋成品蛋壳脱落,仅有壳下膜包住,似软壳蛋;硬壳糟蛋成品仍有蛋壳包住。

③咸蛋。咸蛋又称"腌蛋"、"盐蛋"、"味蛋"。咸蛋是指主要原料鸭蛋经腌制而成的再制蛋。

**(6)蛋品饮料** 以蛋品为主要原料开发的饮品,包括醋蛋、蛋乳饮料、蛋乳发酵饮料、全蛋饮料或蛋白饮料、含蛋果蔬汁饮料等。

**(7)熟蛋制品** 经过一定加工并熟制的蛋制品,包括茶叶蛋、蛋松等。

**(8)其他蛋制品** 包括蛋黄酱等制品。

# 第二章

# 肉品原料及辅助材料

优质原料是加工优质产品的前提,质量差的原料不可能加工出好的产品,所以原料的质量对于产品质量尤为重要。

对肉制品加工原料的基本要求是新鲜,符合国家质量卫生安全要求。另外,从我国地方特色产品的选料来看,地方肉制品往往是用特定的畜禽品种进行加工的。我国畜禽品种种类繁多,不同地方有当地不同的优质品种。合理利用当地资源,开发地方特色产品,进行差异化经营,是肉制品加工产业的发展策略。

## 一、肉品原料

原料肉是肉制品加工的主要原料,也是产品品质和成本的决定性因素,原料肉的选择是肉制品成败的关键。

### 1. 肉品原料的基本要求

我国生产的肉制品原料主要是猪肉,其次是牛肉、羊肉、禽肉、兔肉以及其他畜禽肉。无论是何种原料,一般应符合以下要求:

①原料肉必须经兽医检验合格,符合卫生加工要求。具体要求包括:屠宰放血良好,刮毛干净或剥皮干净,肉表面干净无可见杂质。当头、蹄、内脏作为加工对象时,也要求新鲜,符合卫生标准。

②依照产品特点和标准选择原料。不同产品对原料要求有所不同,应根据具体产品要求有针对性地选择合适的原料。如中式酱汁肉,按其规格标准,必须以五花肉为原料。

③合理利用原料,要做到既符合卫生条件和质量标准,又能充分发挥原料肉的使用价值和经济价值。

• 前腿:含脂肪多,筋腱肉较多,风味较好,适合做火腿香肠类产品。

• 后腿:瘦肉含量高,适合做多种中西式产品,如腊肠、火腿、香肠类产品。

• 大排肌肉:肉质比较嫩,蛋白质含量高,风味较差,适合做烤肉类制品。

• 方肉:中方肉,适合做培根等。

• 颈肉:去除淋巴后,适合做灌肠制品,代替脂肪使用。

• 蹄膀:适合做酱肘子等产品。

• 脚爪:脚爪是生产五香猪蹄的原料,也可以抽出蹄筋销售。

## 2.肉品原料的分级

### (1)猪肉的分级

①按胴体分级。中华人民共和国商务部 2012 年发布并实施了《猪肉分级标准》(SB/T10656-2012),该标准根据感官指标、胴体质量、瘦肉率、背膘厚度,将胴体从高到低分为 1、2、3、4、5、6 六个级别,见表 2-1。

②按部位分级。猪胴体的四个部位肉包括:带皮带脂(或去皮带脂)前腿肌肉、带皮带脂(或去皮带脂)后腿肌肉、带皮带脂(或去皮带脂)大排肌肉、带皮带骨(或带皮去骨、去皮带骨、去皮去骨)中方肉。在此基础上,企业可以根据市场进行细分。

表 2-1 胴体等级分级表

| 级别 | 感官 | 带皮胴体质量(w)<br>(去皮胴体质量<br>下调 5 千克) | 瘦肉率<br>(P) | 脊膘厚度<br>(H) |
|---|---|---|---|---|
| 1级 | 体表修割整齐,无连带碎肉、碎膘,肌肉颜色光泽好,无 PSE 肉。带皮白条表面无修割破皮现象,体表无明显鞭伤、无炎症。去皮白条要求体面修割平整,无伤斑、无修透肥膘现象。体型匀称,后腿肌肉丰满 | 60 千克≤W<br>≤85 千克 | P≥53% | H≤2.8 厘米 |
| 2级 | | 60 千克≤W<br>≤85 千克 | 51%≤P<br><53% | 2.8 厘米<H<br>≤3.5 厘米 |
| 3级 | 体表修割整齐,无连带碎肉、碎膘,肌肉颜色光泽好,无 PSE 肉。带皮白条表面无修割破皮现象,体表无明显鞭伤、无炎症。去皮白条要求体面修割平整,无伤斑、无修透肥膘现象、体型较匀称 | 55 千克≤W<br>≤90 千克 | 48%≤P<br><51% | 3.5 厘米<H<br>≤4 厘米 |
| 4级 | | 45 千克≤W<br>≤90 千克 | 44%≤P<br><48% | 4 厘米<H<br>≤5 厘米 |
| 5级 | 体表修割整齐,无连带碎肉、碎膘,肌肉颜色光泽好,无 PSE 肉。带皮白条表面无修割破皮现象,体表无明显鞭伤、无炎症。去皮白条要求体面修割平整,无伤斑、无修透肥膘现象 | W>90 千克<br>或 W<45 千克 | 42%≤P<br><44% | 5 厘米<H<br>≤7 厘米 |
| 6级 | | W>100 千克<br>或 W<45 千克 | P<42% | H>7 厘米 |

带皮带脂(或去皮带脂)前腿肌肉根据断面脂肪最大厚度分为三个等级,见下表。

表 2-2　带皮带脂(或去皮带脂)前腿肌肉脂肪厚度分级表

| 级别 | 断面脂肪最大厚度(H) |
| --- | --- |
| 一级 | H≤2.5 厘米 |
| 二级 | 2.5 厘米<H≤3.5 厘米 |
| 三级 | H>3.5 厘米 |

带皮带脂(或去皮带脂)后腿肌肉根据断面脂肪最大厚度分为三个等级,见下表。

表 2-3　带皮带脂(或去皮带脂)后腿肌肉脂肪厚度分级表

| 级别 | 断面脂肪最大厚度(H) |
| --- | --- |
| 一级 | H≤2.5 厘米 |
| 二级 | 2.5 厘米<H≤3.5 厘米 |
| 三级 | H>3.5 厘米 |

带皮带脂(或去皮带脂)大排肌肉根据断面脂肪最大厚度分为三个等级,见下表。

表 2-4　带皮带脂(或去皮带脂)大排肌肉脂肪厚度分级表

| 级别 | 断面脂肪最大厚度(H) |
| --- | --- |
| 一级 | H≤2.5 厘米 |
| 二级 | 2.5 厘米<H≤3.5 厘米 |
| 三级 | H>3.5 厘米 |

带皮带骨(或带皮去骨、去皮带骨、去皮去骨)中方肉根据断面脂肪最大厚度分为三个等级,见下表。

表 2-5　带皮带骨(或带皮去骨、去皮带骨、去皮去骨)中方肉脂肪厚度分级表

| 级别 | 断面脂肪最大厚度(H) |
| --- | --- |
| 一级 | H≤2.5 厘米 |
| 二级 | 2.5 厘米<H≤3.5 厘米 |
| 三级 | H>3.5 厘米 |

③猪胴体分割图。猪胴体分割图如下:

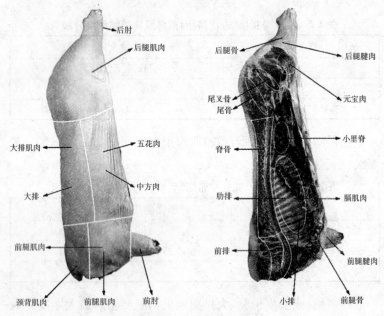

图 2-1　猪胴体分割图

注:颈背肌肉简称1号肉;前腿肌肉简称2号肉;大排肌肉简称3号肉;后退肌肉简称4号肉。

**(2)牛肉的分级**　牛躯体较大,一般分割为四分体。屠宰加工后的整只牛胴体先沿脊椎中线纵向锯(劈)成二分体,再将二分体横向截成四分体。根据《中华人民共和国农业行业标准》(NY/T676-2010)对牛肉等级的规定,牛肉分为五个等级,现实中可以粗略分为三个等级,划分如下:

一级:肌肉发达,全身骨骼突出,皮下脂由肩胛至坐骨结节布满整个胴体,在股骨部允许有不显著的肌膜露出。四分体肌肉断面上大理石纹状较佳。

二级:肌肉发育良好,骨骼无明显突出,皮下脂肪由肩胛至坐骨结节布满整个胴体,在股骨及肋骨部允许肌膜露出。四分体肌肉断面上大理石纹状良好。

三级：肌肉发育一致，脊椎骨尖、坐骨及髋骨结节突出，由第八肋骨至坐骨结节布满薄层皮下脂肪，允许有较大面积肌膜露出。

**(3)羊肉的分级**　羊肉分为三种：大羊肉、羔羊肉和肥羔肉。《中华人民共和国农业行业标准》(NY/T630-2002)从胴体重量、肥度、肪肉厚、肉脂硬度、肌肉发育程度、生理成熟度、肉脂色泽等方面将羊胴体划分为四个等级：特等级、优等级、良好级和可用级。

### 3.肉品新鲜度检验

选用新鲜的肉品对于肉品加工至关重要，肉品新鲜度的检验主要分为感官检验、物理检验、化学检验和微生物检验。人们应该掌握感官检验方法，条件允许可以进行理化检验和微生物检验。一般防疫站都具备理化检验和微生物检验的能力。

**(1)感官检验**　感官检验是利用人的感觉器官，对肉品的色泽、黏度、弹性、气味等进行鉴别。肉的感官检验指标如下表：

表 2-6　猪、牛、羊肉感官检验指标

| 项目 | 一级鲜度 | 二级鲜度 | 变质肉(不能食用) |
|---|---|---|---|
| 色泽 | 肌肉有光泽，红色均匀，脂肪洁白 | 肌肉色暗，脂肪缺乏光泽 | 肉无光泽，脂肪呈灰绿色 |
| 黏度 | 外表微干或微湿润，不黏手 | 外表干燥或黏手，新切面湿润 | 外表极度干燥或黏手，新切面发黏 |
| 弹性 | 指压后凹陷立即恢复 | 指压后凹陷恢复慢或不完全恢复 | 指压后凹陷不恢复，留有压痕 |
| 气味 | 有正常的气味 | 稍有氨味或酸味 | 有臭味 |
| 肉汤 | 透明澄清，脂肪团集于表面，特有香味 | 稍有混浊，脂肪呈小滴状浮于表面，香味差或无香味 | 肉汤混浊有黄色絮状物，脂肪极少浮于表面，肉汤有臭味 |

(2)**理化检验** 肉品的理化检测指标主要包括肉品的颜色、持水性、弹性、嫩度、电导率、黏度、pH、球蛋白沉淀、挥发性盐基氮（TVB-N）、胺等指标。国标规定，一级鲜肉中 TVB-N≤15 毫克/100克，二级鲜肉中 TVB-N 为 15～25 毫克/100 克，腐败肉中 TVB-N≥25毫克/100 克。

(3)**微生物检验** 微生物检验是根据肉中微生物的数量鉴别肉的新鲜度。鲜肉的微生物检验通常包括菌落数测定、涂片镜检和色素还原试验三个方面。

# 二、肉品辅料

在肉制品加工过程中，常需加入一定量的天然物质或化学物质，以改善制品的色、香、味、形、组织状态和贮藏性能，这些物质统称为"肉制品加工辅料"。正确使用辅料对提高肉制品的质量和产量，增加肉制品的花色品种，提高肉制品商品价值和营养价值，保证消费者的身体健康具有十分重要的意义。常用的加工辅料主要包括调味料、香辛料、添加剂。

## 1.调味料

调味料是指为了改善食品的风味，赋予食品特殊口感（咸、甜、酸、苦、鲜、麻、辣等），使食品鲜美可口而添加到食品中的天然或人工合成的物质，包括咸味料、甜味料、酸味料、鲜味料、调味肉类香精、料酒等。

(1)**咸味料** 咸味在肉制品中能独立存在，主要存在于食盐中。与食盐类似，具有咸味作用的物质还有苹果酸钠、谷氨酸钾、葡萄糖碳酸钠和氯化钾等，它们与氯化钠的作用不同，味道也不一样。此外还有腐乳、豆豉等。

①食盐(图 2-2)。食盐的主要成分是氯化钠。精制食盐中氯化钠含量在 98% 以上，味咸，呈白色结晶体，无可见杂质，无异味。食盐

的使用量应根据消费者的习惯和肉制品的品种要求适当掌握,通常生制品的食盐用量为 4%左右,熟制品的食盐用量为 2%～3%。

图 2-2　食盐

食盐具有调味、防腐保鲜、提高保水性和黏着性等作用,对人体维持正常生理功能、调节血液渗透压有着重要作用,但长期食用高钠盐食品会导致高血压。添加食盐可增加和改善食品风味:在食盐的各种用途中,当首推其在饮食上的调味功用,既能去腥、提鲜、解腻、减少或掩饰异味、平衡风味,又可突出原料的鲜香之味,因此,食盐是人们日常生活中不可缺少的食品之一;食盐能提高肉制品的持水能力,改善质地;食盐可提取肉中盐溶性蛋白质,增强其对水和脂肪的结合能力,减少热处理过程中水分的流失;食盐能抑制微生物的生长:食盐可降低水分活度,提高渗透压,同时氯离子对微生物具有毒理作用;食盐是人体维持正常生理功能所必需的成分,能维持一定的渗透压平衡,但 $Na^+$ 的摄入量与高血压的发病率有密切关系,且易导致冠心病的发生。食盐能加强脂肪酶的作用和脂肪氧化,因此腌肉的脂肪较易被氧化。

食盐在肉制品中的用量过小则产品寡淡无味,如果超过一定量,就会造成原料严重脱水、蛋白质过度变性、味道过咸、成品质地老韧干硬。另外,出于健康的需求,食盐含量<2.5%的肉制品越来越多。

所以,无论从加工的角度,还是从保障人体健康的角度,都应该严格控制食盐的用量,且使用食盐时必须注意均匀分布,不使它结块。我国肉制品的食盐用量一般规定是:腌腊制品 6%~10%,酱卤制品 3%~5%,灌肠制品 2.5%~3.5%,油炸及干制品 2%~3.5%,粉肚制品 3%~4%。同时根据季节不同,夏季用盐量比春、秋、冬季要适量增加 0.5%~1.0%,以防肉制品变质,并延长保存期。

②酱油。酱油是由豆、麦、麸皮酿造而成的液体调味品,以咸味为主,并有鲜香味。酱油是肉制品加工中重要的咸味调味料,一般含盐量在 18%左右,并含有丰富的氨基酸等成分。肉制品加工中选用的酿造酱油浓度不应低于 22 波美度。波美度是表示溶液浓度的一种方法,把波美比重计(图 2-3)浸入所测溶液中,得到的度数即为波美

图 2-3　波美比重计

度。酱油不仅可以起到咸味料的作用,还能增鲜增色、改良风味。

酱油在肉制品加工中的作用:为肉制品提供咸味和鲜味;添加酱油的肉制品多具有诱人的酱红色,这是由酱色的着色作用和糖类与氨基酸的美拉德反应产生的;酿制的酱油具有特殊的酱香气味,可使肉制品增加香气;酱油生产过程中产生少量的乙醇和乙酸等,具有解除腥腻的作用。在肉制品加工中以添加酿制酱油为最佳,为使产品呈美观的酱红色,还应合理地加入糖类制品。酱油在制作香肠时还有促进其成熟发酵的良好作用。

③黄酱。黄酱又称"面酱"、"麦酱"等,是大豆、面粉、食盐等原料,经发酵制成的调味品。其味咸香,色黄褐,呈有光泽的泥糊状,其中氯化钠含量 12%以上,氨基酸态氮含量 0.6%以上,还含有糖类、脂肪、酶、维生素 $B_1$、维生素 $B_2$ 和钙、磷、铁等矿物质。黄酱在肉品加工中不仅是常用的咸味调料,还有良好的提香生鲜、除腥清异的作用。

④豆豉。豆豉作为调味品,在肉制品加工中主要起提鲜味、增香味的作用。豆豉除作调味和食用外,医疗功用也很多。中医认为,豆豉味苦、性寒,经常食用能助消化、增强脑力、延缓衰老、提高肝脏解毒功能、预防高血压、补充维生素、消除疲劳、预防癌症、减轻醉酒的痛苦、解除病痛等。豆豉在使用时要注意其用量,防止它的味道掩盖主味。另外,要根据制品要求加工成颗粒或蓉泥状。在使用后放置时,若发现生霉,应视含水情况酌量加入食盐、白酒或香料,以防止变质,保证其风味。

⑤腐乳。腐乳是豆腐经微生物发酵制成的,按色泽和加工方法不同,可分为红腐乳、青腐乳、白腐乳等。在肉制品加工中,红腐乳的应用较为广泛,质量好的红腐乳色泽鲜艳,具有浓郁的酱香及酒香,细腻无渣、入口即化,无酸苦等怪味。腐乳在肉制品加工中的主要作用是提味、增鲜、增加色彩。

(2)甜味料。糖在人们日常生活中占有很重要的地位。化学上,糖被分为单糖(如葡萄糖、果糖),双糖(如蔗糖、麦芽糖)和多糖(如淀粉、纤维素)。商业上,按形状糖又被分为砂糖、绵糖、冰糖。从颜色上看,又可分为白糖、黄糖、红糖。从制作来源上看,则可分为蔗糖、果糖、饴糖、蜂糖等。糖是多羟基醛或多羟基酮及其衍生物的总称。由于其组成成分为C(碳)、H(氢)、O(氧)三种元素,所以人们又习惯称之为碳水化合物。

①蔗糖。肉制品中添加少量蔗糖可以改善产品的滋味,并能促进胶原蛋白的膨胀和疏松,使肉质松软、色泽良好。蔗糖能迅速、均匀地分布于肉的组织中,增加渗透压,形成乳酸,降低 pH,延长肉制品保藏期。由于糖在肉制品加工过程中能发生羰氨反应以及焦糖化反应,因而能增添制品的色泽。中式肉制品的加工更离不开蔗糖,目的是使产品各自具有独特的色泽和风味。蔗糖添加量占原料肉的 $0.5\%\sim1.0\%$ 较合适,中式肉制品中一般用量为肉重的 $0.7\%\sim3\%$,甚至可达 $5\%$。

②葡萄糖。葡萄糖为白色晶体或粉末状单糖,在肉制品加工中除了作为调味品,增加营养外,还有助于胶原蛋白的膨胀和疏松,使制品柔软。葡萄糖具有保色作用,是因为葡萄糖具有还原性,能吸收氧气,防止肉褪色。在食盐、硝酸盐和糖的配合下,葡萄糖还可以防止亚硝基肌红蛋白氧化褐变。葡萄糖的保色作用优于蔗糖。葡萄糖还应用于发酵的香肠制品,因为它提供了发酵细菌转化为乳酸所需的碳源,为此目的而加入的葡萄糖量为 $0.5\% \sim 1.0\%$。对于普通的肉制品加工,其用量为 $0.3\% \sim 0.5\%$。

③饴糖。饴糖由麦芽糖(50%)、葡萄糖(20%)和糊精(30%)组成,味甜爽口,有较强的吸湿性和黏性,在肉品加工中常作为烧烤、酱卤和油炸制品的增味剂和甜味助剂。

④红糖。红糖也称黄糖,它有黄褐、赤红、红褐、青褐等颜色,但以色浅黄红、甜味浓厚的为佳。红糖除含蔗糖(约8.4%)外,含果糖、葡萄糖较多,故甜度较高。但因红糖未经脱色精炼,其水分(2%～7%)、色素、杂质较多,容易结块、吸潮,甜味不如白糖纯厚。

**(3)鲜味料** 鲜味调料是指能提高肉制品鲜味的各种调料。鲜味是不能在肉制品中单独存在的,需在咸味的基础上才能使用。它只有一种味别,是许多复合味型制品的主要调味品之一,品种较少,变化不大。在使用中,应恰当掌握用量,不能掩盖制品全味或原料肉的本味,应按"淡而不薄"的原则使用。肉制品加工中主要使用的鲜味料是味精。

①L-谷氨酸钠。L-谷氨酸钠,即"味精",为无色至白色柱状结晶或结晶性粉末,略有甜味或咸味,具有特殊的鲜味,味觉极限值为0.03%,高温易分解,酸性条件下鲜味降低,酸性强的食品可比普通食品多加 20%左右。pH 为 3.2 时,呈味能力最低;pH 为 5 时,加热成脱水焦谷氨酸钠;pH 为 6～7 时,呈鲜力最强;pH>7 时,加热成谷氨酸二钠,具有氨水臭味,鲜味降低。

pH 是水溶液中酸碱度的一种表示方法。平时人们习惯于用百分浓度来表示水溶液的酸碱度,如 1％的硫酸溶液或 1％的碱溶液,但是当水溶液的酸碱度非常低时,可用 pH 来表示。pH 的范围在 0～14之间。当 pH 为 7 时,水溶液呈中性;pH<7 时,水溶液呈酸性,pH 愈小,水溶液的酸性愈大;当pH>7时,水溶液呈碱性,pH 愈大,水溶液的碱性愈大。

在肉制品加工中,味精的一般用量为 0.015％～0.2％。除单独使用外,宜与肌苷酸钠和核糖核苷酸等核酸类鲜味剂配成复合调味料,以增强效果。

·强力味精:强力味精的主要作用除了强化味精鲜味外,还有增强肉制品滋味,提高肉品鲜味,协调甜、酸、苦、辣味等作用,使制品的滋味更浓郁、鲜味更丰厚圆润,并能降低制品中的不良气味,这些效果是任何单一的鲜味料所无法达到的。强力味精在加工过程中,要注意尽量不要与生鲜原料接触,或尽可能地缩短其与生鲜原料的接触时间,这是因为强力味精中的肌苷酸钠或鸟苷酸钠很容易被生鲜原料中所含有的酶分解,失去其呈鲜效果,导致鲜味明显下降。最好是在制品的加热后期添加强力味精,或者添加在已加热至 80℃ 以后冷却下来的熟制品中。总之,应该尽可能避免强力味精与生鲜原料接触。

·复合味精:复合味精可直接作为清汤或浓汤的调味料。由于复合味道有香料的增香作用,所以使用复合味精进行调味的肉汤香味更醇厚。肉类嫩化剂可使老韧的肉类组织变得柔嫩,但有时显得味道不佳,此时添加与这种肉类风味相同的复合味精,可弥补风味的不足。复合味精还可作为某些制品的涂抹调味料。

·营养强化型味精:营养强化型味精是为了更好地满足人体生理的需要,同时也为了满足某些病理上或特殊方面的营养需要而生产的鲜味料,如赖氨酸味精、维生素 A 强化味精、营养强化味精、低钠味精、中草药味精、五味味精、芝麻味精、香菇味精、番茄味精等。

②5'-肌苷酸钠。肌苷酸钠是白色或无色的结晶性粉末,近年来几乎都是通过合成法或发酵法制成的。其性质稳定,在一般食品加

工条件下,加热至100℃,1小时无分解现象,但在动植物中的磷酸酯酶作用下,易分解而失去鲜味。肌苷酸钠的鲜味是谷氨酸钠的10～20倍,与谷氨酸钠有鲜味相乘效应,所以一起使用效果更佳。若往肉中加0.01%～0.02%的肌苷酸钠,与之对应就要加1/20左右的谷氨酸钠。使用时,由于遇酶容易分解,所以肌苷酸钠应避免与生鲜料接触,最好在加热后期加入。单独使用量为0.001%～0.01%。

③5'-鸟苷酸钠。鸟苷酸钠为无色至白色结晶或结晶状粉末,是具有很强鲜味的5'-核酸类鲜味剂。5'-鸟苷酸钠有特殊的香菇鲜味,鲜味程度为肌苷酸钠的3倍以上,与谷氨酸钠合用有很强的鲜味相乘效果。100℃时加热0.5～1小时无分解现象。

核苷酸类调味料常见的是5'-肌苷酸钠和5'-鸟苷酸钠的混合物,食品工业中通常用"I+G"来表示。"I"代表5'-肌苷酸钠—IMP(DISODIUMINOSINE 5'-MONOPHOSPHATE),"G"代表5'-鸟苷酸钠—GMP(DISODIUM GUANOSINE 5'-MONOPHOSPHATE)。

④琥珀酸、琥珀酸钠和琥珀酸二钠。琥珀酸具有海贝的鲜味,由于琥珀酸是呈酸性的,所以使用时一般以一钠盐或二钠盐的形式出现。对于肉制品来说,琥珀酸的使用范围在0.02%～0.05%,使用过量则味质变坏。

⑤鱼露。鱼露又称鱼酱油,它是以海产小鱼为原料,用盐或盐水浸渍,经长期自然发酵,取其汁液滤清后而制成的一种鲜味调料。鱼露的风味与普通酱油有很大区别,它带有鱼腥味,是广东、福建等地区常用的调味料。

鱼露由于以鱼类作为生产原料,所以营养十分丰富,蛋白质含量高,其呈味成分主要是肌苷酸钠、鸟苷酸钠、谷氨酸钠等,咸味是以食盐为主。鱼露中所含的氨基酸也很丰富,主要是赖氨酸、谷氨酸、天门冬氨酸、丙氨酸、甘氨酸等。鱼露的质量应以颜色橙黄或棕色、透明澄清、有香味、不浑浊、不发黑、无异味者为上乘。

鱼露在肉制品加工中主要起添香和提味的作用,且应用比较广泛,已制成了许多独特风味的产品。

**(4)酸味料**　酸味在肉制品中不能单独存在,必须与其他味道合用才起作用。但是,酸味仍是一种重要的味道,是构成多种复合味道的主要成分。酸味调味料品种繁多,在肉制品加工中经常使用的有食醋、柠檬酸、乳酸、酒石酸等。应根据工艺特点及要求选择酸味调味料,选择时还需注意人们的习惯、爱好、环境、气候。

①食醋。食醋是谷类和麸皮等碳水化合物原料,经发酵酿造而成的,醋酸含量在 3.5% 以上。在肉制品加工中的作用如下:

·食醋的调味作用:食醋与糖可以调配出一种很适口的甜酸味——糖醋味。实验发现,在任何含量的食醋中加入少量的食盐,酸味感都会增强;同样,在具有咸味的食盐溶液中加入少量的食醋,也会增强咸味感。

·食醋的去腥作用:某些肉中含有三甲胺等胺类物质,这些物质是腥味的主要成分,属于碱性,醋为酸性,可与其反应将腥味消除。

·食醋的调香作用:食醋中的主要成分为醋酸,酒的主要成分是乙醇,当酸类与醇类同在一起时就会发生酯化反应,在风味化学中被称为"生香反应"。

·食醋的溶解作用:食醋有助于溶解纤维素及钙、磷等物质,从而促进人体对这些物质的吸收。炖牛肉、羊肉时加点醋,可使肉加速熟烂,增加芳香气味;骨头汤中加少量食醋可以增加汤的适口感及香味,并有利于骨中钙的溶出。

·食醋的抑菌作用:食醋还有杀菌防腐功能,可以杀死葡萄球菌、大肠杆菌、嗜盐菌等。

醋酸具有挥发性,受热易挥发,故应在产品出锅时添加,不然将部分挥发而影响酸味。

②柠檬酸。柠檬酸为无色透明结晶或白色粉末,有强烈酸味,临界值为 0.0025%。柠檬酸在肉制品中会降低肉糜的 pH。在 pH 较低的情况下,亚硝酸盐的分解更快、更彻底、更助于发色。柠檬酸还

用作肉制品的改良剂,提高肉制品的持水性,还可作为抗氧化剂的增效剂使用。

(5)酒 通常使用的酒有料酒、黄酒、白酒和果酒。酒是制作多数中式肉制品必不可少的调料,主要成分为乙醇和少量酯类。它可以去膻除腥,有一定的杀菌作用,并使肉制品散发出特有的醇香气味。料酒有增香、提味、解腻、固色、防腐等作用。

## 2.香辛料

香辛料是利用某些植物的种子、花蕾、叶茎、根块或植物提取物制成的,具有辛辣和芳香风味成分。其作用是赋予食品特有的风味、抑制不良气味、增进食欲、促进消化。很多香辛料有抗菌防腐作用,同时还有特殊的生理药理作用。有些香辛料还含有相当数量的抗氧化物质。总的来说,香辛料有如下作用:

①调味(去腥、提味、增香、增鲜、除异味);

②杀菌防腐;

③刺激胃液分泌,促进消化;

④其他作用(抗氧化、促进发色、生理药理作用等)。

香辛料可分为辛辣性香辛料、芳香性香辛料、天然混合香辛料、提取性香辛料几大类。

### (1)辛辣性香辛料

①胡椒(图 2-4)。胡椒属胡椒科,原产于印度,是一种多年生藤本植物,攀生在树木或桩架上。成熟果实因加工方法不同可制成白胡椒和黑胡椒两种。趁绿摘下来浸入热水,再阴干就成了黑胡椒;成熟果实除去外壳,就成了白胡椒。黑胡椒辛香味较白胡椒浓。胡椒含有 8%～9%胡椒碱和 1%～2%的芳香油,辛辣味成分主要是胡椒碱、佳味碱和少量的嘧啶。胡椒在肉制品中有去腥、提味、增香、增鲜、和味及除异味等作用。胡椒还有防腐、防霉的作用,其原因是胡椒含有挥发性香油、辛辣成分的胡椒碱、水芹烯、丁香烯等芳香成分,

能抑制细菌生长,在短时间内可防止食物腐烂变质。

图 2-4　胡椒和胡椒树

②辣椒(图 2-5)。辣椒属一年或多年生草本植物。辣椒通常成圆锥形或长圆形,未成熟时呈绿色,成熟后变成鲜红色、黄色或紫色,以红色最为常见。辣椒中维生素 C 的含量在蔬菜中居第一位。辣椒的果实因果皮含有辣椒素而有强烈的辛辣味,能促进唾液分泌,增进食欲。一般使用辣椒粉,在汤料中起辣味和着色作用。辣椒在调味时宜切碎,以便与油脂有充分的接触面积,且宜采用低温加热,保证辣椒碱的充分溶解。同时,食盐有利于辣椒和油脂的溶解,并对辣味有和味的作用。

图 2-5　辣椒

③花椒(图 2-6)。花椒为云香科植物的果实。花椒果皮含辛辣挥发油及花椒油香烃等,主要成分为香茅醇、柠檬烯、萜稀、丁香酚等,辣味主要来自山椒素。生花椒麻且辣,炒熟后香味才溢出。肉制品中应用它的香气可达到除腥去异味、增香和味和食物防腐变的目的。花椒不仅能赋予制品适宜的辛辣味,而且还有杀菌、抑菌等作

用。在肉制品加工中,整粒花椒多用于腌制及酱卤制品;粉末状花椒多用于调味和配制五香粉,使用量一般为 $0.2\% \sim 0.3\%$。

图 2-6　花椒

④生姜(图 2-7)。生姜为姜科姜属植物。姜的根状茎肥厚扁平,表面淡黄,里呈黄色,有芳香和辛辣味,隔年的老姜辛辣味更重。其辣味及芳香成分主要是姜油酮、姜烯酚和姜辣素以及柠檬醛、姜醇等。生姜具有调味增香、去腥解腻、杀菌防腐等作用。生姜可鲜用,也可干制后供调味用。在肉制品加工中常用于红烧酱制,也可以将其榨成姜汁或制成姜末加入香肠中以增加制品风味。生姜还有相当强的抗氧化能力和阻断亚硝胺合成的特性。

图 2-7　生姜

⑤大蒜(图 2-8)。大蒜为百合科葱属植物的鳞茎。从皮色上看,有紫皮和白皮的不同。紫皮蒜花瓣外皮呈紫红色,瓣肥大,瓣数少,辣味浓厚,品质佳;白皮蒜花瓣外皮呈白色,瓣形稍小,辣味淡;独头蒜辣味特别强烈,品质极佳。以独头和紫皮者为佳。大蒜有强烈的

刺激气味和特殊的蒜辣味,且有较强的杀菌能力,能压腥去膻,增加肉制品蒜香味及刺激胃液分泌,促进食欲。大蒜所含的蒜素(二烯丙基二硫化物、二丙基二硫化物)、丙酮酸和氨等可把产生腥膻异味的三甲胺溶解,并使其随加热而挥发掉。大蒜所含硫醚类化合物,经过加热,其辛辣味会消逝,但经150～160℃加热过程中的一系列反应,能够形成特殊的滋味和香气。肉制品中常将大蒜捣成蒜泥后加入,以提高制品风味。大蒜可阻断亚硝胺的合成,减少亚硝胺前体物的生成。大蒜中的硒是一种抗诱变剂,能使癌变情况下的细胞正常分解。

图 2-8 大蒜

⑥大葱(图 2-9)。大葱为百合科葱属植物的鳞、茎和叶。大葱的香辛味成分主要为硫醚类化合物,有强烈的葱辣味和刺激性。在肉制品中添加大葱,有增加香味、除去腥味的作用,并有开胃消食以及杀菌发汗的功能。大葱广泛用于酱制、红烧类产品,特别是在制作酱猪肝、肚、舌、蹄等制品时,更是必不可少的调料。

图 2-9 葱

⑦洋葱(图 2-10)。洋葱为百合科 2 年生草本植物,呈鳞茎柱状圆锥形或近圆柱形,单生或数枚聚生,长 4～6 厘米,俗称葱头,与大蒜有相近的辛辣味。生洋葱辣味很重,当其加热后,具有特殊的甜味。洋葱能使肉制品香辣、味美,还能除去肉的腥膻味,而且洋葱中含有多种对人体有益的化学物质。洋葱中含有"硫化丙烯"的油脂性挥发液,具有杀灭病菌和微生物的作用。

图 2-10　洋葱

## (2)芳香性香辛料

①丁香(图 2-11)。丁香为桃金娘科常绿乔木的干燥花蕾及果实。花蕾叫公丁香,果实叫母丁香。公丁香为红棕色,母丁香为墨红色。完整、朵大油性足、颜色深红、气味浓郁、入水下沉者为佳品。丁香富含挥发香精油,精油成分为丁香酚(占 75%～95%)和丁香素等挥发性物质,具有特殊的浓烈香气,兼有桂皮香味。丁香对提高肉制品风味具有显著的效果,并有促进胃液分泌、帮助消化等作用,但其对亚硝酸盐有消色作用,使用时应注意。丁香还具有杀灭白喉、伤寒、痢疾等杆菌的作用。

图 2-11　丁香

②肉豆蔻(图 2-12)。肉豆蔻为肉豆蔻科高大乔木肉豆树的成熟干燥种仁。肉豆蔻含精油 5%～15%,其主要成分为萜烯(占 80%)、肉豆蔻醚、丁香酚等。肉豆蔻脂肪多,油性大,具有增香压腥和抗氧化的调味功能,在肉制品中使用很普遍。可用整粒或粉末,肉制品加工中常用做配制卤汁、五香粉等。

图 2-12　肉豆蔻

③小茴香(图 2-13)。小茴香俗称"茴香"、"席茴",为伞形科多年草本植物茴香的种子,呈椭圆形,略弯曲,黄绿色,气芳香,味微甜,稍有苦辣,性温和。含精油 3%～4%,主要成分为茴香脑和茴香醇(占 50%～60%)、茴香酮(占 1.0%～1.2%),可挥发出奇特的茴香气,有增香调味、防腐防膻的作用。

图 2-13　小茴香

④大茴香(图 2-14)。大茴香俗称"大料"、"八角",系木兰科常绿乔木植物的果实,干燥后裂成 8～9 瓣,故称"八角"。鲜果呈绿色;成

熟果呈深紫色,暗而无光;干燥果呈棕红色,并具有光泽。八角果实含精油2.5％～5％,其中以茴香脑为主(占80％～85％),即对丙烯基茴香醛、蒎烯、茴香酸等。有独特的香气,性温,微甜,有去腥防腐作用,是肉品加工广泛使用的香辛料。八角是酱卤肉制品必用的香料,能压腥去膻,增加肉的香味。

图 2-14  大茴香

⑤砂仁(图2-15)。砂仁为姜科多年生草本植物的干燥果实,一般除去黑果皮(不去果皮的叫"苏砂")。其干果气味芳香而浓烈、味辛凉。砂仁含香精油3％～4％,主要成分是龙脑、右旋樟脑、乙酸龙脑酯、苏梓醇等。砂仁气味芳香浓烈、性辛温,具有矫臭去腥、提味增香的作用。含砂仁的制品清香爽口、口感清凉。

图 2-15  砂仁

⑥陈皮(图2-16)。陈皮为柑橘在10～11月份成熟时采收剥下

皮晒干所得,主要成分为柠檬烯、橙皮苷、川陈皮素等。陈皮性辛温,气味芳香,味苦。陈皮在肉制品生产中用于酱卤制品,可增加肉制品的复合香味。

图 2 16　陈皮

⑦孜然(图 2-17)。孜然属伞形科,一年生或多年生草本,果实有黄绿色与暗褐色之分,前者色泽新鲜,籽粒饱满,具有独特的薄荷、水果香味,还带有适口的苦味,咀嚼时有收敛作用。果实干燥后加工成粉末可用于肉制品的解腥。

图 2-17　孜然

小茴香与孜然的区别:小茴香的小分果呈长椭圆形,长 0.4～1厘米,宽 2～4 毫米,基部带有小果柄,顶端残留有黄棕色突起的花柱基,表面呈黄绿色或淡黄色,光滑无毛,果实背面有 5 条隆起的棱,腹面稍平,气特异芳香,味微甜;孜然的小分果呈长卵形,长 3～5 毫米,宽 1.5 毫米,基部带有小果柄,顶端残留有稍向外弯曲的花柱基,易断落,表面呈黄绿色,在放大镜下可见背面有 3 条较明显的棱,相邻两棱间有较小的棱,腹面中央有一明显的色较浅的纵棱,具有特异香气,味微辛。

⑧麝香草(图 2-18)。麝香草亦称"百里香"。干草为绿褐色,带甜味,芳香强烈。麝香草为紫花科麝香草的干燥树叶制成,精油成分有麝香草脑、香芹酚、沉香醇、龙脑等。炖肉放入少许麝香草,可去除生肉腥臭,提高产品保存性。

图 2-18 麝香草

⑨月桂叶(图 2-19)。月桂叶为樟科常绿乔木月桂树的叶子;含精油 1%～3%,主要成分为桉叶素,占 40%～50%。其味芳香文雅,香气清凉带辛香和苦味。月桂叶常用于西式食品和罐头中,以改善肉的气味或用作矫味剂。其含有柠檬烯等成分,具有杀菌和防腐的功效。

图 2-19 月桂叶

⑩草果(图 2-20)。草果为姜科多年生草本植物的果实,豆蔻属。草果中含有精油、苯酮等,有浓郁的辛香气味,用于烹调,有去腥除膻、增进菜肴味道的作用,特别是烹调鱼、肉时,使用草果其味更佳。肉制品加工中常用整粒做卤汁,用粉末配制五香粉,具有抑腥调味的作用。

图 2-20 草果

⑪檀香(图 2-21)。檀香为檀香科檀香属植物檀香的干燥心材。成品为长短不一的木段或碎块,表面呈黄棕色或淡黄橙色,质致密而坚重。檀香具有强烈的特异香气,且持久,味微苦。酱卤类肉制品加工中常将檀香用作增加复合香味的香料。

图 2-21 檀香

⑫甘草(图 2-22)。甘草的根状茎粗壮,味甜,呈圆柱形,外皮呈

红棕色或暗棕色。外皮以紫褐、紧密细致、质坚实而重者为上品。甘草中含 6%~14% 草甜素（甘草酸）及少量甘草苷,被视为矫味剂。甘草常用于酱卤肉制品。甘草的甜度高于蔗糖 50 倍,在肉制品加工中常用作甜味剂。

图 2-22 甘草

⑬姜黄(图 2-23)。姜黄为姜科黄属植物姜黄的根状茎。姜黄为多年生草本,高 1 米左右,根状茎粗短,呈圆柱形,分枝,块状,丛聚呈指状或蛹状,芳香,断面呈鲜黄色。冬季或初春挖取根状茎,洗净,煮熟,晒干或鲜切片晒干。姜黄中含有 0.3% 姜黄素及 1%~5% 的挥发油。姜黄素为一种植物色素,可用作食品着色剂。挥发油含姜黄酮、二氢姜黄酮、姜稀、桉油精等。姜黄在肉制品加工中有着色和增添香味的作用。

图 2-23 姜黄

⑭芫荽(图 2-24)。芫荽为伞形科芫荽属植物芫荽的果实。因其嫩茎和鲜叶具有特殊香味,常用作菜肴的提味。在加工鱼时添加芫荽,鱼腥味会淡化许多。芫荽主要用于配制咖喱粉,也用作酱卤类香料。

图 2-24 芫荽

⑮白芷(图 2-25)。白芷为伞形多年生草本植物的根块,含白芷素、白芷醚等香精化合物,具有特殊的香气,味辛,可用整粒或粉末,具有去腥作用,是酱卤制品中常用的香料。

图 2-25 白芷

⑯肉桂(图 2-26)。肉桂是樟科樟属肉桂的树皮。肉桂皮呈红棕色,芳香而味甜辛。好的肉桂是由 30～40 年老树树皮加工而成,肉桂以不破碎、外皮细、肉厚、断面紫红色、油性大、香气浓厚、味甜辣者为上品。肉桂含有 $1\% \sim 2\%$ 的桂皮油,油的主要成分为桂皮醛、水芹烯、丁香酚等。在肉制品加工中,肉桂是一种主要的调味香料,加入

烧鸡、烤肉及酱肉制品中,能增添特殊的香气和风味。

图2-26 肉桂(桂皮)

**(3)天然混合香辛料**

①咖喱粉。咖喱粉是一种混合香料,主要由香味为主的香味料、辣味为主的辣味料和色调为主的色香料三部分组成。一般混合比例是:香味料40％,辣味料20％,色香料30％,其他10％。咖喱粉是以姜黄、白胡椒、芫荽子、小茴香、桂皮、姜片、辣根、八角、花椒、芹菜籽等混合研磨成的粉状物,颜色为黄色,味香辣。

②五香粉。将5种或超过5种的香料研磨成粉状,混合在一起即制成五香粉,常使用在煎炸前涂抹在鸡、鸭肉表面。五香粉的基本成分是磨成粉的花椒、肉桂、八角、丁香、小茴香子,有些配方里还有干姜、豆蔻、甘草、胡椒、陈皮等。五香粉主要用于炖制肉类或者家禽类菜肴,或是加在卤汁中提味或拌馅。五香粉与咖喱粉的区别:五香粉和咖喱粉均是香辛料的集合体,都是复合性调味料。它们比较相似,但也有区别:五香粉的基本成分是磨成粉的花椒、肉桂、八角、丁香、小茴香籽,最主要的功能是提供香味,它不存在颜色的要求,也不辣;而咖喱粉则不同,它的主要成分除了增香的物质外,还包括提供颜色的姜黄和提供辣味的胡椒等。我们常见的五香粉非常香,味淡而不辣;咖喱粉则色黄,非常香,口味辣。

**(4)提取性香辛料**

①液体香辛料。液体香辛料的特点是:有效成分浓度高,具有天

然纯正、持久的香气,头香好,纯度高,用量少,使用方便。

②乳化香辛料。乳化香辛料是把液体香辛料制成水包油型的香辛料。

③固体香辛料。固体香辛料是水包油型乳液喷雾干燥后经被膜物质包埋而成的香辛料。

**(5)调味肉类香精** 调味肉类香精以天然的肉类为原料,经过蛋白酶适当降解,加还原糖,并在适当条件下经复杂化学反应生成的具有浓郁肉风味的物质。经过适当包装后形成调味香精,如猪肉香精、牛肉香精、鸡肉香精等,可直接添加或混合到肉类原料中,使用方便,是目前使用广泛的增香剂,尤其适用于高温肉制品和风味不足的西式低温肉制品。

### 3.添加剂

食品添加剂指为改善食品品质和色、香、味以及为防腐、保鲜和加工工艺的需要而加入食品中的人工合成或者天然物质。目前我国食品添加剂有 23 个类别、2000 多个品种。肉品加工中经常使用的添加剂有发色剂、发色助剂、着色剂、品质改良剂、抗氧化剂、防腐剂等。

**(1)发色剂**

①硝酸盐。硝酸盐是无色结晶或白色结晶粉末,易溶于水。将硝酸盐添加到肉制品中,在微生物的作用下最终生成一氧化氮,后者与肌红蛋白反应,生成稳定的亚硝基肌红蛋白络合物,使肉制品呈现鲜红色,因此硝酸盐也被称为发色剂。

②亚硝酸盐。亚硝酸盐是白色或淡黄色结晶粉末,除了防止肉品腐败,提高肉品保存性之外,还具有改善风味、稳定肉色的特殊功效。此功效比硝酸盐还要强,所以在腌制时亚硝酸盐与硝酸盐混合使用,能缩短腌制时间。要严格控制亚硝酸盐用量,2011 年我国颁布的《食品添加剂使用卫生标准》(GB2760-2011)对硝酸盐和亚硝酸盐的使用量规定如下:

最大使用量:硝酸钠、硝酸钾 0.5 克/千克;亚硝酸钠、亚硝酸钾 0.15 克/千克。

最大残留量(以亚硝酸钠计):西式火腿≤70 毫克/千克,肉类罐头≤50 毫克/千克,肉制品≤30 毫克/千克。

**(2)发色助剂** 肉发色过程中,亚硝酸盐被还原成一氧化氮,一氧化氮的生成量与肉的还原性有密切关系。为了维持肉的还原性状态,以促进亚硝酸盐发色,常使用发色助剂。

①抗坏血酸、抗坏血酸钠。抗坏血酸即维生素 C,具有很强的还原作用,但是遇热和重金属盐时不稳定,因此常与稳定性较高的钠盐一起使用。肉制品中抗坏血酸的使用量为 0.02%~0.05%。

②异抗坏血酸、异抗坏血酸钠。异抗坏血酸是抗坏血酸的异构体,其性质与抗坏血酸相似,发色、防止褪色及防止亚硝胺形成的效果几乎相同。

③烟酰胺。烟酰胺与抗坏血酸同时使用,会形成烟酰胺肌红蛋白,使肉呈红色,并有促进发色、防止褪色的作用。

**(3)着色剂** 在肉制品生产中,为使制品具有鲜艳的肉红色,常常使用着色剂。目前国内大多使用红色素,有天然和人工合成两大类。

①天然色素。天然色素是从植物、微生物、动物的可食部分中提取出来的。开发天然色素是当今世界肉制品应用、开发的趋势之一。天然色素一般价格较高,稳定性较差,但比人工着色剂安全性高。天然色素有焦糖色素、红曲、高粱红、栀子黄、姜黄色素等,其中尤以红曲色素最为普遍。红曲色素是安全无毒的添加剂,对动物体无不良影响。红曲色素在肉制品加工中,特别是脂肪含量较高的产品中使用显得尤为有益。红曲色素遇蛋白质具有良好的着色稳定性,因此能赋予肉制品特有的"肉红色"。红曲霉菌在形成色素的同时,还合成谷氨酸类物质,具有增香作用。

②人工合成色素。人工合成色素是以煤焦油染料为原料制成

的。根据我国食品添加剂使用及用量标准,准予使用的人工合成色素有苋菜红、柠檬黄、日落黄、胭脂红等。人工合成色素在限量范围内使用是安全的,其色泽鲜艳、稳定性好,适于调色盒复配,且价格低廉,但仍存在一定的安全问题。

**(4)品质改良剂**

①磷酸盐。磷酸盐主要用于改善肉的保水性。国家规定肉制品中可以使用的磷酸盐有三种:焦磷酸钠、三聚磷酸钠、六偏磷酸钠。多聚磷酸盐对金属容器有一定的腐蚀作用,因而所用容器应选用不锈钢材料。在肉制品加工中,磷酸盐的使用量一般为肉重的0.1%～0.4%,用量过大不能保证产品品质。

②淀粉。最好使用变性淀粉。变性淀粉一般为白色无臭粉末,耐热,耐酸碱,还具有良好的机械性能,是肉类加工良好的增稠剂和赋形剂,其用量一般为原料的3%～20%。优质肉制品用量较少,且多用玉米淀粉。淀粉用量多会影响肉制品的黏着性、弹性和风味。

③大豆分离蛋白。粉末状大豆分离蛋白有良好的保水性和乳化性,能改善肉制品的质地。

④卡拉胶。卡拉胶是天然胶质中唯一具有蛋白质反应性的胶质,它能与蛋白质形成均一的凝胶。由于卡拉胶能与蛋白质结合形成巨大的网络结构,可保持制品中的大量水分,减少肉汁的流失,并能保持肉制品良好的弹性、韧性。卡拉胶还具有很好的乳化效果,能稳定脂肪,表现出很低的离油值,能提高制品的出品率。另外,卡拉胶还能防止盐溶性蛋白及肌动蛋白的流失,抑制鲜味成分的溶出。

⑤酪蛋白。酪蛋白能与肉中的蛋白质结合形成凝胶,从而提高肉的保水性。用于肉制品时,可增加制品的黏着性和保水性,改进产品质量,提高出品率。

**(5)抗氧化剂**　抗氧化剂有油溶性抗氧化剂和水溶性抗氧化剂两大类。

①油溶性抗氧化剂。油溶性抗氧化剂能均匀地分布于油脂中,

对油脂或含脂肪的食品可以很好地发挥其抗氧化作用。人工合成的油溶性抗氧化剂有丁基羟基茴香醚(BHA)、二丁基羟甲苯(BHT)、没食子酸丙酯(PG)等;天然的有生育酚(VE)等。

②水溶性抗氧化剂。水溶性抗氧化剂主要有抗坏血酸及其钠盐、异抗坏血酸及其钠盐等。目前,国内外开发研究的天然抗氧化剂主要有甘草抗氧化物、茶多酚、迷迭香提取物、植酸类等,多用于食品的护色,防止食品氧化变色,以及风味劣变等。以天然抗氧化剂取代合成抗氧化剂是今后食品工业的发展趋势,开发实用、高效、成本低廉的天然抗氧化剂将是抗氧化剂研究的重点。

**(6)防腐剂** 目前肉制品中常用的防腐剂有山梨酸钾、有机酸、乳酸链球菌素、乳酸钠等。防腐剂分化学防腐剂和天然防腐剂两种。

①化学防腐剂。化学防腐剂主要是各种有机酸及其盐类。目前在肉制品生产中具有一定使用量的主要是有机酸及其盐类,如丙酸及其盐类、山梨酸及其盐类、对羟基苯甲酸醋类、乳酸和乳酸钠、双乙酸钠、单辛酸甘油醋等。

山梨酸及山梨酸钾在空气中易吸潮并氧化分解而着色,属酸性防腐剂,对霉菌、酵母和好气性细菌有较强的抑菌作用,但对厌气菌与嗜酸乳杆菌几乎无效。其防腐效果随 pH 的升高而降低,适宜在 pH 5~6 以下的范围使用。熟肉制品的最大使用量(以山梨酸计)为 0.075 克/千克,肉灌肠制品的最大使用量(以山梨酸计)为 1.5 克/千克。甲基、丙基对羟基苯甲酸醋及其增效剂在肉制品防腐方面效果很好,通常以钠盐形式使用。单辛酸甘油醋的抑菌效果不受 pH 的影响,能够很好地阻止细菌、霉菌和酵母的生长,在火腿和香肠中应用较多。

②天然防腐剂。天然防腐剂因其安全性而成为未来防腐剂发展的趋势,主要有茶多酚、香辛料提取物、细菌素三种。

• 茶多酚的主要成分是儿茶素及其衍生物,它们具有抑制氧化变质的性能,茶多酚对肉品的防腐保鲜通过抗脂质氧化、抑菌、除臭味三条途径发挥作用。

• 许多香辛料中的提取物,如大蒜中的蒜辣素和蒜氨酸,肉豆蔻中的肉豆蔻挥发油,肉桂中的挥发油以及丁香中的丁香油等均具有良好的抗菌、杀菌作用。

• 细菌素,如乳酸链球菌素是由乳酸链球菌合成的一种多肽抗菌素,能用于肉品保鲜,它是一种窄谱杀菌剂,能杀死革兰氏阳性菌,可有效阻止肉毒杆菌的芽孢萌发。细菌素的价值在于能杀死肉中的腐败菌(主要为细菌)。除乳酸链球菌素外,其他细菌素还有纳他霉素等。

**(6)食品添加剂的使用原则**

①食品添加剂使用时应符合以下基本要求:不应对人体产生任何危害;不应掩盖食品腐败变质的气味;不应掩盖食品本身的气味或加工过程中的质量缺陷;不应以掺杂、掺假、伪造为目的而使用食品添加剂;不应降低食品本身的营养价值;在达到预期目的的前提下,尽可能降低在食品中的使用量。

②在下列情况下可使用食品添加剂:保持或提高食品本身的营养价值;作为某些特殊膳食用品的必要配料或成分;提高食品的质量和稳定性,改进食品的感官特性;便于食品的生产、加工、包装、运输或者贮藏。

③使用的食品添加剂应符合相应的质量标准。

④在下列情况下,食品添加剂可以通过食品配料(含食品添加剂)带入食品中:根据标准,食品配料中允许使用该食品添加剂;食品配料中该添加剂的用量不应超过允许的最大使用量;应在正常生产工艺条件下使用这些配料,并且食品中该添加剂的用量不应超过由配料带入的量;由配料带入食品中的该添加剂的用量应明显低于直接将其添加到食品中通常所需要的量。

# 第三章

# 肉品的保鲜和贮藏

肉是易腐败食品,处理不当就会变质。导致肉品腐败变质的最主要因素是微生物和蛋白酶。肉的贮藏保鲜就是通过抑制或杀灭微生物,钝化酶的活性,延缓肉内部物理、化学变化,达到较长时间的贮藏保鲜目的。

肉品贮藏的方法很多,主要有冷藏保鲜、冷冻保鲜、辐射保鲜、真空包装保鲜、充气包装保鲜、化学保鲜等。本章将重点介绍冷藏保鲜和冷冻保鲜,这两项技术应用起来相对容易,主要适用于原料的保鲜。另外本章还将讲述真空包装保鲜和化学保鲜,这两项保鲜技术重点应用于产品的保鲜。辐射保鲜和充气包装保鲜一般适合工厂使用,因为硬件设施需要比较多的资金投入。

## 一、低温保藏技术

食品的低温保藏,即降低食品温度并维持低温水平或冻结状态,以延缓或阻止食品的腐败变质,达到食品的远途运输和短期或长期贮藏的目的。

古代人们采用冰鉴(图 3-1)或冰窖(图 3-2)冷藏食品,一定程度上延长了食品的贮藏期。现代人们采用制冷压缩技术,实现快速可调制冷,可以使食物保藏更长时间。

图 3-1　曾侯乙铜冰鉴

图 3-2　古凌阴遗址

## 1.低温保藏概述

**(1)食品低温保藏的目的**　引起食品腐败变质的因素除了微生物和酶引起的变质外,还有非酶引起的变质。低温能够抑制微生物的生长繁殖和食品中酶的活性,降低非酶因素引起的化学反应的速率,因而延长食品的保藏期限。

**(2)食品低温处理的温度范围**　食品的低温保藏技术分为两种:冷藏和冻藏。冷藏是将食品的温度下降到食品冻结点以上的某一较低温度,达到短期或长期贮藏的目的;冻藏是将食品的温度下降到食品中绝大部分水冻结成冰的温度,达到较长时间贮藏的目的。食品冷藏的温度范围为−2～15℃,4～8℃为常用的冷藏温度。冷藏库(图 3-3)俗称高温库,冷藏又可分为凉(2～15℃)和冷(−2～2℃)两个温度段。食品冻藏的温度范围为−30～−2℃,−18℃为常用的冻藏温度。冻藏库(图 3-4)俗称低温库。

图 3-3　冷藏库

图 3-4　冷冻库

冷藏多用来保藏新鲜的水果、蔬菜等食物,不同地区的水果和蔬菜的最佳冷藏温度往往不同,热带水果不适宜低温保藏,而温带水果适宜低温保藏。

冻藏温度越低,食品的稳定性越好,贮藏期限越长。但过低的贮藏温度会使成本增高,而品质不会有大的提升,因而冻藏温度一般控制在−18℃左右。

### (3)低温保藏的一般工艺

食品物料→前处理 ⎰→冷却→冷藏→回热
⎱→冷却→冷冻→解冻

## 2.冷却保鲜

食品的腐败变质主要是由酶的催化和微生物的作用引起的。这种作用与温度密切相关,降低食品温度可使微生物和酶的作用减弱,减缓食品腐败变质的速度,从而达到长期贮藏的目的。

微生物和其他动物一样,需要在一定的温度范围内生长、发育、繁殖。温度的降低会减弱其生命活动,并使它们出现部分休眠状态,甚至会导致其死亡。温度降低时,酶的活性会逐渐减弱,当温度降到0℃时,酶的活性大部分被抑制。因为酶对低温的耐受力很强,所以商业上一般采用−18℃作为贮藏温度。鲜猪肉、牛肉中常有旋毛虫、绦虫等寄生虫,冻结可以杀死此类寄生虫。

**(1)冷却的目的** 刚屠宰完的胴体,肉温一般在40℃左右,此温度容易滋生微生物和发生酶催化,对肉的保存很不利。肉冷却的目的有:抑制微生物和酶的催化;使肉体表面形成一层干燥膜,减少水分蒸发和微生物繁殖;减弱酶的活性,延缓肉的成熟。

**(2)冷却方法和条件**

①冷却方法。以空气为冷却介质,采用制冷设备,将室温降低到1~4℃,冷却终温一般在0℃左右为好。进肉之前,冷却间温度降至

−4℃左右。进行冷却时,把经过冷晾的胴体沿吊轨推入冷却间,胴体间距保持 3～5 厘米,以利于空气循环和较快散热。当胴体最厚部位中心温度达到 0～4℃时,冷却过程完成。

②冷却条件。

• 温度。肉容易腐败,为抑制微生物和酶的活性,应尽快将肉温降低。肉的冰点在 −1℃左右,冷却终温以 0℃左右为好。在进肉之前,冷却间的温度以 −4℃为宜,冷却过程中保持 0℃左右。对于牛肉、羊肉来说,在肉的 pH 尚未降到 6.0 以下时,肉温不得低于 10℃,否则肉会发生冷收缩。

• 相对湿度。湿度大,有利于降低肉的干耗,但微生物生长加快,且肉表面不易形成皮膜;湿度小,微生物活动减弱,有利于皮膜形成,但肉的干耗加大。在冷却初期,相对湿度宜在 95% 以上,之后维持在 90%～95%,冷却后期宜维持在 90% 左右。

• 空气流速。为加快传热速率,要保持一定的空气流速。空气流速一般控制在 0.5～1 米/秒,最高不超过 2 米/秒,否则会显著提高肉的干耗。

**(3)冷却肉的贮藏**

①冷藏条件及时间。冷藏环境的温度和湿度对贮藏期的长短起决定性作用。温度越低,贮藏时间越长,一般以 −1～1℃为宜。温度波动不得超过 0.5℃,进库时升温不得超过 3℃。

②冷藏方法。冷藏方法有空气冷藏法和冰冷藏法两种。空气冷藏法:以空气作为冷藏介质,方便易行;冰冷藏法:冰融化为水会吸收潜热,可以借此达到冷藏的目的,冷藏运输中常用。

③冷藏中的变化。冷却肉在贮藏期间常见的变化有干耗、表面发黏、长霉、变色、变软等。

### 3.冷冻保鲜

**(1)肉的冻结**

①冻结目的。冷藏只是减缓了微生物和酶的作用,冷藏期短。当肉的冻结温度为－20～－18℃且水冻结成冰时,微生物的作用基本得到了抑制,酶的催化作用也变得非常缓慢,因此肉更耐贮藏。

②冻结方法。

• 静止空气冻结法:以－30～－10℃的静止空气作为冷冻的介质,经济方便,速度较慢。

• 鼓风冻结法:在冻结室内安装鼓风设备,强制空气流动,以加快冻结速度。一般空气流速2～10米/秒,温度－40～－25℃,相对湿度90%,冻结速度快,肉品质量高。

• 板式冻结法:把肉放在制冷剂冷却的板、盘、带或其他冷壁上,肉与冷壁接触而冻结,速度较快,传热效率高,干耗少。

• 液体冻结法:将肉与不冻液或制冷剂直接接触而冻结,方法有喷淋法、浸渍法,常用的制冷剂有盐水、干冰和液氮。液体冻结速度慢于鼓风冻结。

**(2)冻肉的贮藏** 冻肉贮藏的主要目的是防止冻肉的各种变化,以达到长期贮藏的目的。

①冻藏条件及冻藏期。

• 温度:理论上,温度越低,质量越好,但成本会加大,所以冻藏温度一般保持在－21～－18℃。温度波动不应超过±1℃,否则会促进小冰晶消失和大冰晶长大,加剧冰晶对肉的机械损伤作用(图3-5)。

• 湿度:为减少干耗,冻结间空气

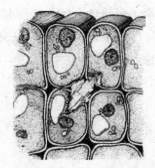

图3-5 冰晶体对细胞的破坏

的相对湿度应保持在 95％～98％。

• 空气流速：自然对流情况下，空气流速为 0.05～0.15 米/秒，流动性差，温、湿度分布不均匀，但肉的干耗少，多用于无包装的肉品；强制对流情况下，空气流速为 0.2～0.3 米/秒，最大不超过 0.5 米/秒，温、湿度分布均匀，肉品干耗大。

• 其他：其他因素，如包装方式、堆放方式等都会影响冻藏效果。

②冻藏中的变化。冻藏中的变化包括物理变化和化学变化。

• 物理变化。

水变成冰所引起的容积增加大约是 9％，而冻肉由于冰的形成造成的体积增加约为 6％。含水越多，体积增加越多。

干耗也称减重，是肉在冻藏期间水分散失的结果。干耗不仅影响肉的质量，而且会促进肉表层的氧化。冻藏期间保持温度恒定、空气流速减小，有利于减少干耗。

在冻藏期间，由于冰晶的升华，肉表层形成了较多的微细孔洞，增加了脂肪与空气中氧气接触的机会，最终会导致冻肉产生酸败味，肉表面发生黄褐色变化，表层组织结构变粗糙，这就是所谓的冻结烧。冻结烧与肉的种类和冻藏温度有密切关系，禽肉和鱼肉脂肪稳定性差，易发生冻结烧。低温可以减缓冰晶的化学反应速度。降低贮藏温度并采用密封包装可以减轻冻结烧。

冻藏期间冰晶的形态、大小和数量都会发生变化。液态水的蒸气压大于固态冰的蒸气压，小冰晶的蒸气压大于大冰晶的蒸气压。由于蒸气压差的存在，水蒸气从液态移向固态，从小冰晶移向大冰晶，结果导致液态水和小冰晶消失，大冰晶逐渐增大，这种变化会加剧冰晶对肉品组织的损伤。温度升高和波动都会促进冰晶的变化。采用快速冻结，并在－18℃以下贮藏，减少温度波动，可使冰晶增长减缓。

• 化学变化。

蛋白质变性与盐类电解质浓度的提高有关，冻结往往会使鱼肉肌球蛋白发生变性,从而导致鱼肉韧化脱水。牛肉和禽肉则相对稳定。

冻藏过程中,肉会逐渐变褐,主要是由于肌红蛋白氧化成高铁肌红蛋白。脂肪氧化发黄也是变色的原因之一。氧气、温度和光照可促进变色。

大多数食品在冻藏期间会发生风味和味道的变化,尤其是脂肪的氧化酸败。

③肉的解冻。解冻是冻结的逆过程,使冻结肉中的冰晶融化成水,肉恢复到冻结前的新鲜状态,以便于加工。

按传热方式,解冻方式可以分为两种:外部对流换热解冻,如空气解冻、水解冻;内部加热解冻,如微波解冻。空气解冻分静止空气解冻和流动空气解冻。空气温度、湿度和流速都会影响解冻的质量。空气解冻的优点是不需要特殊设备,适合任何形状的产品;缺点是解冻速度慢,水分蒸发多,重量损失大。水的导热系数大,可提高解冻速度,流动水解冻的速度要更快。水温一般要在10℃左右。水解冻的缺点是导致肉品中营养物质流失较多,肉色灰白,肉体湿润。肉表面吸收水分,重量会增加3%左右。静水解冻还容易造成微生物污染。

解冻时,肉汁会流失,导致营养成分减少、质量减轻,这主要与肉的成熟阶段和pH有关。另外,冻结和解冻条件也会影响肉汁流失。对于冻结速度均匀、体积小的产品,应快速解冻,这样细胞内外几乎同时溶解,水分可被很好地吸收,汁液流失少,产品质量高;对于大体积的胴体,应采用低温缓慢解冻,因为大体积的胴体在冻结时冰晶分布不均匀,解冻时融化的冰晶被细胞吸收需要一定时间。

# 二、其他保藏技术

除了广泛使用的低温保藏技术之外,还有许多其他的保藏技术。在肉品工业中,为了使产品的保藏期更长,往往会综合应用多种技术来保障食品安全。因而使用的保藏技术不能限于一种，条件许可的情况下，应综合应用多种技术手段，提高产品的安全保藏期。

### 1.真空包装保鲜

真空包装是指除去包装袋内的空气，经过密封，使包装袋内的食品与外界隔绝。常用真空包装袋见图3-6。在真空状态下，好气性微生物的生长减缓或受到抑制，减少了蛋白质的降解和脂肪的氧化酸败。

图 3-6 常用真空包装袋（左：复合塑料袋，右：铝箔袋）

**(1)真空包装的作用** 真空包装能抑制微生物生长，并防止外界微生物的污染；能减缓肉中脂肪的氧化速度，对酶活性也有一定的抑制作用；能减少产品失水，保持产品重量；能使产品整洁，增强产品的市场效果。

**(2)对真空包装材料的要求** 真空包装材料要具有以下特性：

①阻气性。能防止氧气进入。乙烯、乙烯—乙烯醇共聚物都有较好的阻气性。若要求严格，宜采用铝箔袋。

②水蒸气阻隔性。能防止水分蒸发。常用聚乙烯、聚苯乙烯、聚丙乙烯、聚偏二氯乙烯等薄膜。

③香味阻隔性。能阻隔气味成分。聚酰胺和聚乙烯混合材料一般可满足这方面的要求。

④遮光性。能阻挡光线。涂聚偏二氯乙烯、铝箔等。

⑤机械性。具有一定的防撕裂、防封口破裂的能力。

### 2. 充气包装保鲜

充气包装是往包装袋内充入特殊的气体或气体混合物,抑制微生物生长和酶促腐败,以延长食品货架期的一种方法。

充气包装所用气体主要为氧气、氮气、二氧化碳。

### 3. 化学保鲜

肉品的化学贮藏主要是将化学合成的防腐剂和抗氧化剂应用于鲜肉和肉制品的保鲜防腐,与其他贮藏手段相结合,能发挥重要作用。

# 第四章

# 腌腊肉制品加工技术

## 一、腌制技术

腌腊制品是肉经腌制、酱渍、晾晒或烘烤等工艺制成的生肉制品，食用前需经熟制加工。腌腊制品包括咸肉、腊肉、酱风肉和风干肉等。

腌腊制品加工将腌制和干制技术有机结合在一起，从而提高了肉的成品率，加深了肉的色泽，改善了肉的风味，提高了肉制品的贮藏稳定性，达到了防腐保质的效果。腌腊制品的加工关键是腌制（酱制）和干燥（风干或烘烤），这两个步骤直接关系到腌腊制品的产品特性和品质。

肉类腌制的方法可分为干腌、湿腌、盐水注射及混合腌制法四种。

### 1. 干腌法

干腌（图 4-1）是将食盐或混合盐涂擦在肉的表面，然后层堆在腌制架上或层装在腌制容器内，依靠外渗汁液形成盐液进行腌制的方法。干腌法腌制所需时间较长，但腌制品有独特的风味和质地。

干腌法腌制时间长（金华火腿需 1 个月以上，培根需 8～14 天），食盐进入深层的速度缓慢，很容易造成肉的内部变质。干腌法腌制需要经过较长时间的成熟过程,如金华火腿成熟时间为 5 个月,这样才能有利于风味的形成。此外,干腌法失水较多,通常火腿失重为 5%~7%。

图 4-1　干腌

### 2.湿腌法

湿腌法就是将肉浸泡在预先配制好的食盐溶液中,并通过扩散和水分转移,让腌制剂渗入到肉内部,并获得均匀分布的一种腌制方法,常用于腌制分割肉、肋部肉等。

一般采用老卤腌制,即老卤水中添加食盐和硝酸盐,调整好浓度后用于腌制新鲜肉。湿腌时有两种扩散:第一种是食盐和硝酸盐向肉中扩散;第二种是肉中可溶性蛋白质等向盐溶液扩散。由于可溶性蛋白质既是肉的风味成分之一,也是营养成分,所以用老卤腌制可以减少第二种扩散,即减少营养和风味的损失,同时可赋予腌肉老卤特有的风味。湿腌的缺点是制品的色泽和风味不及干腌制品,腌制时间长,蛋白质流失(0.8%~0.9%)多,含水多,不宜保藏,另外卤水容易变质,保存较难。

### 3.盐水注射法

为了加快食盐的渗透,防止腌肉的腐败变质,目前人们广泛采用盐水注射法。盐水注射法可以缩短腌制时间(可以从 72 小时缩短到 8 小时),提高生产效率,降低生产成本,但成品质量不及干腌制品,风味略差。盐水注射法通常先采用盐水注射机进行注射,然后采用滚揉机进行按摩或滚揉操作,即利用机械的作用促进盐溶性蛋白质抽提,以提高制品保水性,改善肉质。

盐水注射机有自动盐水注射机和手动盐水注射机两种。自动盐水注射机(图 4-2)注射速度快、注射质量好,适合较大规模生产;手动盐水注射机(图 4-3)无论速度还是质量均比自动盐水注射机逊色,适合小规模生产。

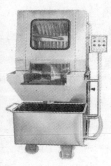

图 4-2 自动盐水注射机

图 4-3 手动盐水注射机

## 4.混合腌制法

混合腌制法是互补利用干腌和湿腌的一种方法。肉类腌制可先行干腌,而后放入容器内用盐水腌制,如南京板鸭、西式培根的加工。

干腌和湿腌相结合可以避免湿腌液因食品水分外渗而浓度降低。同时,混合腌制不像干腌那样易促进食品表面发生脱水作用。

另外,采用混合腌制法,肉制品内部发酵或腐败也能被有效阻止。

# 二、腌腊肉制品加工

## 1.板鸭

板鸭是健康鸭经宰杀、去毛、去内脏和腌制加工而成的一种禽肉类腌腊制品。我国板鸭驰名中外,其中南京板鸭、福建南安板鸭和重庆白市驿板鸭最负盛名。

**(1)工艺流程** 原料→宰杀及前处理→干腌→卤制→叠胚→晾挂

**(2)操作要点**

①原料。板鸭要选择体长身高、胸腿肉发达、两翅下有核桃肉、体重在 1.75 千克以上的活鸭作原料。活鸭在屠宰前用稻谷饲养一段时间(15~20 天),使之膘肥肉嫩。这种鸭脂肪熔点高,在温度高的时候也不容易滴油酸败。经过稻谷催肥的鸭叫做白油板鸭,是板鸭中的上品。

②宰杀及前处理。宰前断食:肥育好的鸭子宰杀前停食 12~24 小时,充分饮水;宰杀放血:用麻电法(60~70 伏)将活鸭击晕,采用颈部或口腔宰杀法放血,目前多采用颈部宰杀,宰杀时要注意以切断三管为度;烫毛:宰杀后 5~6 分钟内,用 65~68℃的热水浸烫 2~3 分钟;褪毛:其顺序为先拔翅羽毛,次拔背羽毛,再拔腹胸毛、尾毛、颈毛,此称抓大毛,拔完后随即拉出鸭舌,再投入冷水中浸洗,并拔净小毛、绒毛,此称净小毛,脱毛之后用冰水浸洗 3 次,时间分别为 10 分钟、20 分钟和 1 小时,以除去皮表残留的污垢,使鸭皮洁白,同时降低鸭体温度,达到"四挺",即头、颈、胸、腿挺直,外形美观;开膛取内脏:鸭毛褪光后,立即去除翅、脚,并在右翅下开一约 4 厘米长的直形口子,摘除内脏;清洗:用冷水清洗,从肛门内把肠子、输精管或输卵管拉出剔除。拉出后,将鸭体放入冷水中约 2 小时,浸出体内淤血,至肌肉洁白后,压折鸭胸前三叉骨,使鸭体呈扁长形。

③干腌。100千克食盐中加入200～300克茴香或其他香辛料炒制后再对鸭体进行擦盐处理。前处理后的光鸭沥干水分,将鸭体人字骨压扁,使鸭体呈扁长方形,腌制时每2千克光鸭加盐125克左右。先将90克盐从右翅下开口处装入腔内,将鸭反复翻动,使盐均匀布满腔体,剩余的食盐用于体外,其中大腿、胸部两旁肌肉较厚处及颈部刀口处需较多施盐,最后于腌制缸内腌制约20小时。

扣卤:为了使鸭腔体内盐水快速排出,需进行扣卤。提起鸭腿,撑开肛门,将盐水注入,擦盐后12小时进行第一次扣卤操作,之后再叠入腌制缸中,再经8小时进行第二次扣卤操作,目的是使鸭体腌透时渗出肌肉中血水,使肌肉洁白美观。

④卤制。第二次扣卤后,从刀口处灌入配好的老卤,叠入腌制缸中,并在上层鸭体表面稍微施压,将鸭体压入卤缸内距卤面1厘米下,使鸭体不浮于卤汁上面,经24小时左右出缸。从泄殖腔处排出卤水,挂起滴净卤水。

卤的配制:卤有新卤和老卤之分。新卤配制时每50千克水加炒制的食盐35千克,煮沸成饱和溶液,澄清过滤后加入生姜100克、茴香25克、葱150克,冷却后即为新卤。用过一次后的卤俗称老卤。气温高时,每次用过后,盐卤需加热煮沸杀菌;气温低时,盐卤用过4～5次后需重新煮沸。煮沸时要撇去浮血污,同时补盐,维持盐卤密度为1.180～1.210(22～25波美度)。

⑤叠胚。把滴净卤水的鸭体压成扁平形,叠入容器中。叠放时鸭头须朝向缸中心,以免刀口渗出血水污染鸭体。叠胚时间为2～4天,接着进行排胚与晾挂。叠胚在低温间进行。

⑥晾挂。把叠在容器中的鸭子取出,用清水清洗鸭体,悬挂于晾挂架上,同时对鸭体进行整形:拉平鸭颈,拍平胸部,挑起腹肌。排胚的目的是使鸭体肥大好看,同时使鸭体内通风,然后挂于通风处风干。晾挂间须通风良好,不受日晒雨淋。鸭体互不接触,经过2～3

周即为成品(图 4-4)。

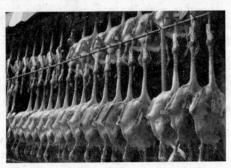

图 4-4　板鸭成品

## 2.腊肉

腊肉在我国大部分地区均有生产,颇受消费者欢迎,畅销国内及东南亚等地。腊肉具有色泽金黄、香味浓郁、味道鲜美、肉质细嫩、肥瘦适中等特点。

**(1)工艺流程**　原料选择和剔骨、切条→配料→腌制→烘烤→包装

**(2)操作要点**

①原料选择和剔骨、切条。选择的新鲜猪肉,要求是符合卫生标准的无伤疤、不带奶脯的肋条肉。刮去净皮上的残毛及污垢,剔去全部肋条骨、椎骨、软骨,修割整齐后,切成长 35~50 厘米、重 180~200克的薄肉条,并在肉的上端用尖刀穿一个小孔,系上 15 厘米长的麻绳,以便于悬挂。把切条后的肋肉浸泡在 30℃ 左右的清水中,漂洗1~2分钟,以除去肉条表面的浮油,然后取出,沥干水分。

②配料。配料是以每 100 千克去骨猪肋条肉为标准:白糖 3.7千克、硝酸盐 0.125 千克、精制食盐 1.9 千克、大曲酒(60%)1.6 千克、白酱油 6.3 千克、香油 1.5 千克。

③腌制。按上述配料标准,先把白糖、硝酸盐和精盐倒入容器中,再加入大曲酒、白酱油、香油,使固体腌料和液体调料充分混合均匀。固体腌料完全溶化后,把切好的肉条放入腌肉缸(或盆)中,随即

翻动,使每根肉条都与腌制液充分接触,这样腌制 8～12 小时(每 3 小时翻一次缸),配料完全被吸收后,取出挂在竹竿上,等待烘烤。

④烘烤。烘房系三层式。肉在进入前,先在烘房内放火盆,使烘房温度上升到 50℃,这时用炭把火压住,然后把腌制好的肉条悬挂在烘房的横杆上,再将火盆中压火的炭拨开,进行烘制。烘烤时温度不能太高,也不能太低,底层温度控制在 80℃ 左右。温度太高会使肉烤焦;太低则肉的水分蒸发不充分。烘房内的温度要求均匀分布,如不均匀可移动火盆,或将悬挂的肉条交换位置。如果是连续烘制,则下层是当天进烘房的,中层是前一天进烘房的,上层则是前两天腌制的,也就是烘房内悬挂的肉条每 24 小时往上升高一层。最上层经 72 小时烘烤,表皮干燥,并有出油现象,即可出烘房。烘烤后的肉条,送入通风干燥的晾挂室中晾挂冷却,待肉温降至室温即可。如果遇到雨天,应将门窗紧闭,以免肉吸潮。

⑤包装。晾凉后的肉条用竹筐或麻板纸箱盛装,箱底应用竹叶垫底,腊肉则用防潮蜡纸包装。应尽量避免在雨天包装,以保证产品质量。腊肉(图 4-5)最好的生产季节是农历每年 11 月至次年 2 月,气温在 5℃ 以下最为适宜,如高于这个温度则不能保证质量。

图 4-5 腊肉

### 3.咸肉

咸肉的特点是用盐多,其生产过程一般不需经过干燥脱水和烘熏,腌制是其主要加工步骤。咸肉在我国各地都有生产,种类繁多。

**(1)工艺流程** 原料整修→开刀→初次上盐→上缸复盐→腌制→成品

**(2)操作要点**

①原料整修。原料为新鲜肉时,必须摊开凉透;冻肉则要摊开散发冷气,待微软后分割处理。连片、段头肉要修净血槽、护心脂、腹腔碎脂、腰窝碎脂和衣膜。猪头要取出猪脑,但不能影响猪头的完整,并在左右额骨处各斩一刀,便于盐汁浸入。

②开刀。为保证产品质量和缩短加工周期,一般在气温10℃以上时开刀门。方法:首先在颈肉下第一根肋骨中间用刀戳进去,刀门的深度约10厘米,要把肩胛骨与前脚骨、骺骨切断,同时将刀尖戳入肩胛骨下面,把骨与精肉划开,但不要划破表皮。其次在夹心背脊骨上面开一横刀,外口宽约8厘米,内部宽约15厘米。再次在后腿上腰处开一刀门,将刀戳至脚蹄骨上,外口宽约5厘米,内部宽约13~15厘米。在上腰中部两边开两刀门,前部开一刀门。最后在胸膛里面肋骨缝中划开2~3个刀缝。

③初次上盐。原料修整后,即可上少量盐。必须将手伸进刀门内擦盐或塞盐,但不宜塞得过紧。然后在外体皮表面上盐,背脊骨以及后腿部分的用盐应最多,肋条用盐宜少,胸膛部分稍撒一点盐。一般情况下,每50千克猪肉用盐约2千克。

④上缸复盐。气温在0~15℃时,一般在次日即可复盐,经7~8天后再次复盐,再过10~12天进行第三次复盐。第三次复盐后10天左右,就可进行检验分级。注意盐要擦匀和塞到刀门内各处,在夹心、腿部、龙骨等地方必须敷足盐。短肋、软肋和奶脯等处也应撒些盐。每50千克鲜肉用盐约9千克,在冬季腌制并要及时出售的,每

50千克鲜肉用盐约7千克。复盐时,需在盐中掺拌硝酸钠,每50千克鲜肉用硝酸钠25克(冬季用量可减为20克)。

⑤腌制。在冬季及初春季节腌制,连片、段头、腿约需1个月的时间,头、尾、爪约需15～20天;在秋初或春末期间腌制,需开大刀口,连片、段头、腿腌制约需20天,头、尾、爪约需12天。

⑥成品(图4-6)。成品应符合国家规定的咸肉标准,外表干燥、清洁,肉质紧密而结实,切面平整、有光泽,肌肉呈红色,脂肪面白或微黄色,具有咸肉固有的风味。

图4-6 咸肉

# 第五章
# 酱卤肉制品加工技术

## 一、酱卤技术

酱卤制品的生产工艺主要是要突出调味料与香辛料及肉本身的香气,使产品食之肥而不腻、瘦不塞牙。调味与煮制是加工酱卤制品的关键因素。

酱卤味道有南甜、北咸、东辣、西酸之别。北方地区酱卤制品用调味料、香料多,咸味重;南方地区酱卤制品相对咸味轻,且风味及种类较多。另外随季节不同,人们要求酱卤产品春酸、夏苦、秋辣、冬咸。

### 1. 调味

**(1)调味的定义**　调味是根据地区饮食习惯、品种的不同在食品加工过程中加入不同种类和数量的调味料,以加工成具有特定风味产品的一种操作技术。

**(2)调味的作用**　根据调味料的特性和效果,使用优质调味料和原料肉一起热煮,可以奠定产品的咸味、鲜味和香气,同时增进产品的色泽和外观。通过调味能生产出不同品种和花色的制品。

调味是在煮制过程中完成的。调味时注意控制水量、盐浓度和调料用量,才能有利于酱卤制品颜色和风味的形成。

（3）**调味的分类** 根据加入调味料的时间和调味料的作用，调味大致可分为基本调味、定性调味、辅助调味。

· **基本调味**：加工原料整修之后，在加热之前加入盐、酱油或其他配料腌制，以奠定产品的咸味。

· **定性调味**：原料下锅后进行加热煮制或红烧时，要同时加入主要配料，如酱油、盐、酒、香料等，以奠定产品的口味。

· **辅助调味**：原料加热煮制之后或即将出锅时，加入糖、味精等，以增进产品的色泽、鲜味。

（4）**调味的制品** 应根据各产品独有的特色选用不同种类的调味料。

· **五香、红烧制品**：配料中使用了八角、桂皮、丁香、花椒、小茴香五种香料，故称五香制品，其特点是酱油用量较大，制品呈红棕色，故也称红烧制品。

· **酱汁制品**：在红烧的基础上使用红曲色素做着色剂，产品为樱桃红色，鲜艳夺目，稍带甜味，产品酥润。

· **蜜汁制品**：辅料中加入大量的糖分，产品色浓味甜。

· **糖醋制品**：辅料中加入大量的糖和醋，产品具有甜酸的滋味。

· **香糟制品**：产品保持固有色泽和曲酒香味。

· **卤制品**：采用卤制辅料，产品以卤煮为主要加工过程。

## 2.煮制

（1）**煮制的概念** 煮制是对原料肉用水、蒸气、油炸等加热方式进行加工，以改变肉的感官性状，提高肉的风味和嫩度，达到熟制的目的。

（2）**煮制的作用** 煮制对产品的色、香、味、形及成品化学性质都有显著的影响。煮制使肉黏着、凝固，形成固定的制品形态，使制品可以切成片状。煮制时原料肉与配料相互作用，可以改善产品的色、香、味。同时煮制也可杀死微生物和寄生虫，提高制品的贮藏稳定性和保鲜效果。

**(3)煮制的方法** 煮制方法包括清煮和红烧两种。清煮是汤中不加任何调味料,只用清水煮制;红烧是加入各种调味料进行煮制。

①清煮。又叫白煮、白锅,其方法是将整理后的原料肉投入沸水中,不加任何调味料进行烧煮,同时撇除血沫、浮油、杂物等,然后将肉捞出,除去肉汤中杂质。清煮作为一种辅助性的煮制工序,其目的是消除原料肉中的某些不良气味。清煮后的肉汤称白汤,通常可作为红烧时的汤汁基础再使用,但清煮下水(如肚、肠、肝等)的白汤除外。

②红烧。将清煮后的肉料放入加有各种调味料的汤汁中进行烧煮,会产生自身独特的风味。红烧的时间应随产品和肉质的不同而异,一般为数小时。红烧后剩余汤汁叫红汤或老汤,应妥善保存,待以后继续使用。存放时应装入带盖的容器中,长期不用时要定期烧沸或冷冻保藏,以防变质。

**(4)煮制的火候** 在煮制过程中,根据火焰的大小、强弱和锅内汤汁情况,火候可分为旺火、中火和微火三种。旺火(又称大火、急火、武火)火焰高强而稳定,锅内汤汁剧烈沸腾;中火(又称温火、文火)火焰低弱而摇晃,锅中间部位汤汁沸腾,但不强烈,卤汁温度在90~95℃;微火(又称小火)火焰很弱且摇摆不定,勉强保持火焰不灭,锅内汤汁微沸或缓缓冒泡,卤汁温度在80~85℃。

酱卤制品煮制过程中,除个别品种外,一般早期使用旺火,中后期使用中火和微火。旺火烧煮时间通常比较短,其作用是将汤汁烧沸,使原料肉初步煮熟;中火和微火烧煮时间一般比较长,其作用是使肉在煮熟的基础上变得酥润可口,同时使配料渗入内部,达到里外味道一致的目的。

卤制内脏时,由于口味要求和原料鲜嫩的特点,在加热过程中,自始至终都要用文火煮制。

**(5)料袋制法和使用** 酱卤制品制作过程中大都采用料袋。料袋是用两层纱布制成的长方形布袋,可根据锅的大小、原料多少缝制大小不同的料袋。将各种香料装入料袋,用粗线绳将料袋口扎紧。最好在原料未入锅之前,将锅中的酱汤打捞干净,再将料袋投入锅中煮沸,使料在汤中串开后,再投入原料酱卤。

料袋中所装香料可使用 2～3 次,然后以新换旧,逐步淘汰。

# 二、酱卤肉制品加工

## 1.白斩鸡

### (1)原辅料与设备

①原辅料。

• 主料:经卫生检验合格的三黄仔鸡的冷冻光鸡 100 千克(或鲜活宰杀鸡)。

• 辅助腌制料:精盐 6.4 千克、亚硝酸盐 20 克、水 80 千克、八角 200 克、丁香 50 克、百里香 20 克、白芷 30 克、小茴香 100 克、肉果 50 克、砂仁 30 克、白蔻仁 30 克。

• 煮制汤料:白砂糖 0.5 千克、料酒 0.5 千克、味精 0.5 千克、5'肌苷酸钠＋5'乌苷酸钠 20 克、姜 1 千克、葱 1 千克。

②主要设备。成套炊具,蒸气夹层锅,真空包装机,高压杀菌锅,恒温室,电热恒温培养箱。

### (2)工艺流程
原料处理→腌制→预煮和泡卤→真空包装→杀菌→冷却、晾干→保温试验→包装→检验

### (3)操作要点

①原料处理。夏季解冻宜用间隙喷淋冷水的方法,解冻室温以 20℃左右为宜;冬天可自然解冻。解冻后的鸡只将毛拔净,割去鸡头、翅尖、鸡尾,沿膝关节切下鸡爪,去除鸡的残余内脏、气管、食管、血块等,剪去肛门,除去朊内的鸡食、鸡黄皮并清洗干净,将水沥干。

②腌制。首先配腌制液。香料漂洗后倒入锅中加水煮沸,再小

火煮 1 小时,冷却后用纱布过滤得到香普水,再加其他腌制料,用盐和糖调节波美度至 8 波美度。在 0～8℃时,将光鸡置腌制液中腌制 12 小时,其间每小时翻拌一次。

③预煮和泡卤。将腌制液和腌制光鸡一起在锅中煮沸 5 分钟,捞出。按煮制汤料配方加白砂糖等料入锅中,边煮边搅拌,再把腌制光鸡投入其中泡卤 2 小时。

④真空包装。按每 100 千克泡卤加明胶 3 千克、明矾 30 克制作胶冻,预煮光鸡在其中滚蘸,后装袋,抽真空包装。注意调节真空时间,以保证真空效果。如果立即食用,则不必进行杀菌之后的操作。

⑤杀菌。把真空包装袋置于杀菌锅中消毒。杀菌条件:15 分钟/118℃水压杀菌,1 个大气压反压冷却至 85℃。

⑥冷却、晾干。产品出锅后用自来水冷却,逐一检查有无破损,并注意剔除。用振动法除去袋表面的大滴水珠,再摊开,用风扇吹干袋表面。

⑦保温试验。将杀菌后的产品送到恒温室,恒温 37℃保存 10 天,检查有无胀袋现象,并注意剔除。

⑧包装。彩盒或彩袋包装后装入纸箱,彩盒或彩袋上注明:常温保存、保质期一年、开袋即食、胀袋禁食。

⑨检验。内置物的色泽、滋味、气味和组织形态应符合相关要求,软罐头产品微生物检验应达到商业无菌的要求。

## 2.盐水鸭

(1)工艺流程  原料选择与处理→清洗→炒盐→腌制→熬卤→复卤→挂沥→煮制

(2)操作要点

①原料选择与处理。挑选肉质较好的肉用型品种作为原料。经过宰杀后的鸭子,将其腹腔内的内脏大致掏干净之后,再将体腔内残留的破碎组织以及淤血清除干净,抠除肠头以及腹腔内的油膜,食管

内如果有残留的饲料也需要抠除。左翅与右翅的肋下切开大约 3 厘米长的小口。

②清洗。在清洗过程中应从头到尾用流动清水清洗，主要目的是将腹腔内的淤血清洗干净。

③炒盐。首先将花椒、八角、生姜片以及食盐准备好，平均每 1 千克的食盐中需要加入八角 30 克、花椒 30 克、生姜片 40 克。将这些材料一起倒入锅内进行翻炒。在炒盐的过程中，锅内的温度应始终控制在 95～100℃，等盐粒炒至微黄色即可。

④腌制。一只鸭坯的用盐量大约为鸭坯重量的 8%。在鸭坯的体腔内部、鸭坯的口腔内、翅膀底下切开的口内填进少许盐，在鸭坯的外部表皮用盐涂抹。抓住鸭坯，前后左右晃动几下，尽量让盐均匀地布满整个体腔内部。将鸭坯整齐地叠放在腌制筐内，鸭坯的腹部应当朝上，避免食盐漏出。腌制的时间，除了夏季控制在 2 小时左右外，其他三个季节都应当控制在 3～4 个小时之间。

⑤熬卤。食盐和水以 8∶100 的比例加入到沸水中，在 120℃的高温下，熬制 2 小时左右。卤汤的盐度应当控制在 23 度左右。在熬制过程中要不断清除卤汤上面的浮沫。平均每 50 千克的卤汤要准备好 50 克八角、150 克小葱，以及生姜片 60 克，然后将卤汤直接倒入装有香辛料的容器。等待卤汤自然冷却到 20℃以下时，就可以用来对鸭坯进行复卤。

⑥复卤。腌制后的鸭子，体腔内的盐粒会融化成盐水，为了保证风味，盐水最好不要倒出。将鸭坯全部浸入卤缸内，在缸口盖上防虫网。夏季复卤的时间稍短一点，只需要 2 小时左右，其他季节大约需要 3 小时左右。在卤汤浸泡的过程中，鸭体各个部位均匀入味。将鸭坯从卤缸中取出，轻轻甩去鸭坯内外的卤水。在复卤之后才可以进行煮制。

⑦挂沥。经过复卤的鸭坯，用钩子穿过鸭鼻挂在鸭档上，沥干鸭体内外的卤水。在挂沥时，环境温度需要维持在 15℃左右，挂沥大约

需要经过 24 小时。

⑧煮制。在还未烧开的水中加入辅料,每煮制 20 千克的鸭坯需要加入花椒 10 克、八角 10 克、小葱 30 克,以及生姜片 20 克。等煮锅内的汤水微微冒泡、温度大约在 90℃左右时,将鸭坯放入锅内,鸭头最好能朝下。由于盐水鸭属于典型的低温肉制品,低温煮制非常关键。

低温煮制除了使鸭肉熟化之外,还有保水、保脂、保嫩的效果,鸭肉中的营养与风味才能得以保存。低温煮制的时间为 40～45 分钟,在煮制过程中,需要每隔 10 分钟用钩子将鸭子从汤里勾起,并将体腔内的汤水倒出,再重新灌入新热汤,使鸭坯整体在煮制过程中受热均匀。判断鸭坯是否已经达到熟化要求的方法:用尖头的竹签刺入鸭腿或鸭胸部位,如果有血水从小孔中冒出,表明鸭坯还没熟;如果有油水或油泡冒出的话,表明它们可以出锅了。

在生产过程中,一定要遵循严格的产品质量检验制度。而且从食品生产的角度,制作盐水鸭时生产人员必须着装整洁,且必须在洁净、安全的生产环境中进行操作。

## 3. 酱肉(乳)鸽

### (1)原辅料及设备

①原辅料。酱乳鸽所需的各种辅料均需符合国家卫生标准。配方:按 100 千克肉(乳)鸽计,需大料 200 克、桂皮 200 克、陈皮 40 克、白糖 3200 克、丁香 20 克、葱 2000 克、砂仁 20 克、黄酒 800 毫升、生姜 200 克、硝酸钠 20 克、食盐 1000 克。

②设备。主要设备包括腌制缸、夹层锅、高压灭菌锅、真空包装机等。

### (2)工艺流程　选料→宰杀→腌制→冲洗→煮制→上色→真空包装→高压灭菌→检验

### (3)操作要点

①选料。选用经卫生防疫部门检验合格、质量在 0.5 千克以上

的肉(乳)鸽。

②宰杀。在屠宰前一定要让肉(乳)鸽进行休息,使其恢复体质,并且停食喂水 16～24 小时。宰杀完全放血,然后放入 63～65℃的热水中脱毛。脱毛后,再腹下开膛。挖净全部内脏,用冷水浸泡 1～2 小时,再洗净血污,然后挂起晾干水分待用。

③腌制。采用干腌法:用八角炒制的盐涂擦在肉(乳)鸽内腔和体表,用盐量 30 克/只,体表和腔内一定要涂匀,且盐量要用足,然后放入腌制缸中,堆码腌制。腌制时,在腌制缸的最上层再洒一薄层盐。腌制时间一般为 10～12 小时,冬季时间长一些(12～24 小时),夏季时间短一些(6～10 小时)。然后扣卤。

④冲洗。腌制完成后,在煮(卤)制之前,用清水洗净肉(乳)鸽体表、腔内过多的盐。

⑤煮制。如有老汤,先将老汤烧沸,再将辅料放入锅内。如果没有老汤,则将双倍的辅料放入锅内,煮制 30 分钟,同时在每只肉(乳)鸽腔内放入丁香 1 粒、砂仁少许、葱结 10 克、姜 1 片和黄酒 1 汤匙。随即将全部的肉(乳)鸽放入沸汤中,用旺火烧煮,同时加入黄酒。汤开后,用微火煮 30～40 分钟。

⑥上色。在最后的 10 分钟左右时,用糖液上色,即将糖液加入煮制锅中。(糖液的制作即把糖在火上加热炒至起泡,当泡沫落下后迅速加入少许热开水,热开水温度在 95℃以上。)

⑦真空包装。将煮制好的肉(乳)鸽捞出,沥净汤汁,放入真空包装袋中,真空封口、包装。真空度为 0.09 兆帕。

⑧高压灭菌。将包装好的肉(乳)鸽放入高压锅中,采用 115℃、30 分钟灭菌,并采用反压冷却。

⑨检验。冷却后,逐一检查袋子的封口和破袋情况,经检验合格后,装箱,入保温库,在(37±2℃)条件下保温 7 天。经检验(如感官检验、细菌总数检验、大肠杆菌检验等)符合国家卫生质量标准者即为合格。然后可以销售。

### 4.糟肉

**(1)工艺流程** 选料→整理→白煮→制糟卤→制糟肉→食用与保藏

**(2)操作要点**

①选料。选择新鲜皮薄而又细嫩的方肉,要求肉无淤血、无任何病状。

②整理。选来的肉洗刷干净后,切成长 15 厘米、宽 11 厘米的长方形肉块。

③白煮。将整好的肉坯倒入锅内,加水超过肉坯表面,用旺火烧开,撇净沫子后改用小火焖,直到能抽出骨头而不黏肉为止。然后用尖筷和铲刀捞出肉块,边折骨边趁热在肉坯两面敷上盐。

④制糟卤。

• 配方:每加工 50 千克原料肉需炒过的花椒 1500～2000 克、陈年香糟 1500 克、上等绍酒 3500 克、白酒 250 克、虾子酱油适量、精盐适量。

• 制陈年香糟:取香糟 50 千克,用 1500～2000 克炒过的花椒加盐拌好后,置入瓮内盖好,用泥封口,待第 2 年使用。

• 制糟酒混合物:将陈年香糟 1500 克、五香粉 15 克、盐 250 克放入钵内,先加入少许上等绍酒,用手边搅香糟边拌和,并徐徐加入绍酒 2500 克、高粱白酒 100 克,直到酒糟和酒完全拌和、没有结块为止。

• 制糟露:用纱布过滤糟酒混合物,过滤后的糟酒汤称为"糟露",糟渣做他用或废弃。

• 制糟卤:将白煮肉的汤撇净浮沫,过滤后加入盐 600 克、味精 50 克、上等酱油 250 克、上等绍兴酒 1000 克、高粱酒 150 克,拌和均匀冷却后,倒入糟露内,拌和均匀,即制成糟卤。

⑤制糟肉。先将凉透的肉坯圈砌在盛有糟卤的缸内(皮朝外),

然后把缸移放到冰箱里,在缸的中央再放一个装有冰块的细长桶,这样里外两面给冷,能加快肉坯的冷却。等到糟卤冻结成胶冻后即制成糟肉。

　　⑥食用与保藏。糟肉的保藏较为特殊,必须放在冰箱里保存,并且要尽量做到以销定产、当日生产、当天销售完、现切现卖、不能久存。一般都是买来即食,和胶冻一起食用。

# 第六章

# 香肠肉制品加工技术

## 一、中式香肠加工技术

香肠肉制品的传统生产是在寒冬腊月,于较低的温度下将原料肉进行腌制,然后进行自然风干和成熟加工。

现代工业利用食品工程高新技术对产品生产过程进行改造,如风干过程由自然型转变为控温控湿型;成熟过程在实现控温控湿的基础上,利用发酵剂代替自然发酵。现代工业化生产下,产品的品质和稳定性具有很大提高。

### 1.工艺流程

原料肉选择与修整→配料→腌制→灌制→排气→捆线结扎→漂洗→晾晒或烘烤→包装

### 2.操作要点

**(1)原料肉选择与修整** 传统的中式香肠主要以新鲜猪肉为原料。瘦肉以腿臀肉为好,肥肉以背部硬膘为好,腿膘次之。原料肉经过修整,去掉筋腱、骨头和皮,先切成50～100克大小的肉块,然后瘦肉用绞肉机以0.4～1.0厘米的筛孔板绞碎,肥肉切成0.6～1.0厘米见方的肉丁。肥肉丁切好后用温水清洗1次,以除去浮油及杂质,沥干水分待用。肥、瘦肉要分别存放处理。与乳化肠相比,中式香肠原料肉粒度较大,自然风干后肉与油粒分明可见,肉味香浓,干爽而油不沾唇。

**(2)配料**　常用的配料有食盐、糖、酱油、料酒、硝酸盐、亚硝酸盐;常用的调味料主要有大茴香、豆蔻、小茴香、桂皮、白芷、丁香、山奈、甘草等。中式香肠的配料一般不用淀粉和玉果粉(肉豆蔻粉)。

**(3)腌制**　将原料肉和辅料混合均匀并于腌制室内腌制1~2小时,当瘦肉变为内外一致的鲜红色,肉馅中有汁液渗出,手摸触感坚实、不绵软、表面有滑腻感时即完成腌制,此时加入料酒拌匀,即可灌制。

**(4)灌制**　将肠衣套在灌装机灌嘴上,将肉馅均匀地灌入肠衣中。要掌握松紧程度,不能过紧或过松。用天然肠衣灌装时,干或盐渍肠衣要在清水中浸泡柔软,洗去盐分后使用。

**(5)排气**　用排气针扎刺湿肠,排出内部空气,以避免在晾晒或烘烤时产生爆肠现象。

**(6)捆线结扎**　一般每隔10~20厘米用细线结扎一道。生产枣肠时,每隔2~2.5厘米用细棉线捆扎分节,并挤出多余肉馅。

**(7)漂洗**　将湿肠用35℃左右的清水漂洗,除去表层油污,然后均匀地挂在晾晒或烘烤架上。

**(8)晾晒或烘烤**　将悬挂好的香肠放在日光下晾晒2~3天。在晾晒过程中,有胀气的部位应针刺排气。晚间送入房内烘烤,温度保持在40~60℃,烘烤温度一般宜采用梯度升温程序,开始温度较低,之后温度逐步升高。烘烤温度太高,容易造成脂肪熔化,同时瘦肉也会被烤熟,影响产品的风味和质感,使色泽变暗,成品率降低;温度太低则难以达到脱水干燥的目的,易造成产品变质。一般先经3昼夜烘晒,然后将半成品挂到通风良好的场所风干10~15天,成熟后即为成品。

**(9)包装**　利用小袋进行简易包装或进行真空、气调包装,可有效减少产品销售过程中的脂肪氧化现象,提高产品的卫生品质。

# 二、中式香肠制品加工

## 1. 广式香肠

**(1)配料标准** 主料:猪瘦肉 35 千克、肥膘肉 15 千克;辅料:食盐 1.25 千克、白糖 2 千克、白酒(50℃)1.5 千克、无色酱油 750 克、鲜姜 500 克(剁碎挤汁用)、胡椒面 50 克、味精 100 克、亚硝酸钠 3 克。

**(2)工艺流程** 选料整理→拌料→灌制→晾晒或烘烤→保藏→成品

**(3)操作要点**

①选料整理。选用经卫生检验合格的生猪肉,瘦肉顺着肌肉纹络切成厚约1.2厘米的薄片,用冷水漂洗,消除腥味,并使肉色变淡。沥水后,用绞肉机(图 6-1)绞碎,孔径要求1~1.2厘米。肥膘肉切成0.8~1厘米的肥丁,并用温水漂洗,除掉表面污渍。

图 6-1 绞肉机

②拌料。先在容器内加入少量温水,放入盐、糖、酱油、姜汁、胡椒面、味精、亚硝酸钠,拌和溶解后加入瘦肉和肥丁搅拌均匀,最后加入白酒,制成肉馅。拌馅时,要严格掌握用水量,一般为 4~5 千克(10%)。

③灌制。先用温水将肠衣(图 6-2)泡软,洗干净。用灌肠机或手工将肉馅灌入肠衣内。灌肠用漏斗见图 6-3。灌制时,要求均匀、结实,发现气泡时要用针刺排气。每隔12厘米为1节进行结扎。最后用温水将灌好的香肠漂洗一遍,串挂在竹竿上。

图 6-2　肠衣

图 6-3　灌肠用漏斗

④晾晒或烘烤。串挂好的香肠放在阳光下暴晒（图 6-4），如遇天阴、大雾或下雨，直接送入烘房内烘烤，3 小时左右翻转一次。阳光不强时，4～5 小时翻转一次。晾晒 0.5～1 天后转入烘房烘烤，温度要求 50～52℃，烘烧 24 小时左右即为成品，出品率 62%。若直接送入烘烤房烘烤，开始时温度可控制在 42～49℃，经 1 天左右再将温度逐渐升高。

图 6-4　晾晒香肠

⑤保藏。保藏方式以悬挂式最好，在 10℃以下可保存 3 个月以上。食用前进行煮制，放在沸水锅里煮制 15 分钟左右。

⑥成品。外观小巧玲珑、色泽红白相间、鲜明光亮，食之口感爽利、香甜可口、余味绵绵。广式香肠见图 6-5。

图 6-5　广式香肠

## 2.中式香肠配方

不同香肠配方不同,下面是一些典型的香肠配方:

北京香肠:去骨去皮生猪肉 50 千克、肉蔻面 40 克、砂仁面 40 克、花椒面 40 克、酱油 1.5 千克、细盐 1.5 千克、白糖 1 千克、鲜姜 200 克、硝酸钠 5 克。

天津大腊肠:去骨去皮生猪肉 50 千克、细盐 1.3 千克、白糖 3.5 千克、味精 100 克、白酒 1.5 千克、鲜姜 1 千克(将姜剁碎挤压出汁使用)、亚硝酸盐 3 克。

山东香肠:去骨去皮生猪肉 50 千克、花椒面 125 克、丁香面 70 克、砂仁面 40 克、小茴香面 40 克、大蒜 500 克、鲜姜 500 克、酱油 6 千克、植物油 500 克。

山西香肠:去骨去皮生猪肉 50 千克、细盐 800 克、酱油 2.5 千克、白糖 1.25 千克、白酒 300 克、花椒面 60 克、砂仁面 50 克、肉蔻面 40 克、味精 40 克。

辽宁小香肠:去骨去皮生猪肉 50 千克、细盐 1.75 千克、白糖 2.5 千克、黄酒 5 千克、香油 2 千克、五香面 250 克、白藏面 500 克、肉蔻面 500 克、陈皮面 500 克、桂皮面 500 克、山奈面 500 克、花椒面 500 克、大料面 500 克、丁香面 250 克、砂仁面 250 克、亚硝酸盐 3 克。

贵州小香肠:去骨去皮生猪肉 50 千克、细盐 2 千克、白糖 1 千克、白酒 1 千克、无色酱油 1 千克、硝酸钠 5 克。

广西小香肠:去骨去皮生猪肉 50 千克、酱油 2.5 千克、白糖 1 千克、细盐 1 千克、白酒 750 克、硝酸钠 5 克。

武汉玫瑰香肠:去骨去皮生猪肉 50 千克、糖玫瑰花 600 克、细盐 1.25 千克、白酒 1 千克、白糖 600 克、硝酸钠 5 克。

广州烤香肠:去骨去皮生猪肉 50 千克、细盐 1.5 千克、白糖 4 千克、白酒 1.5 千克、油 5 千克、芝麻酱 1 千克、五香面 250 克。

广州卤香肠:去骨去皮生猪肉 50 千克、细盐 1.25 千克、白糖 2

千克、五香面 100 克。

辽宁腊肠:去骨去皮生猪肉 50 千克、细盐 1.5 千克、肉蔻面 30 克、砂仁面 30 克、花椒面 50 克、酱油 1.5 千克、白糖 1 千克、鲜姜 1 千克、胡椒面 60 克、硝酸钠 5 克。

上海腊肠:去骨去皮生猪肉 50 千克、白糖 3 千克、黄酒 1 千克、白酱油 2.5 千克、细盐 1.25 千克、硝酸钠 5 克。

上海猪肝香肠:鲜猪肝 20 千克、鲜猪肉 30 千克、白酒 1.75 千克、白糖 3 千克、酱油 3 千克、细盐 1 千克、硝酸钠 5 克。

武汉猪肝香肠:鲜猪肝 15 千克、鲜猪肉 35 千克、细盐 1.25 千克、白糖 3 千克、白酒 1.25 千克、酱油 2.5 千克、鲜姜 125 克(榨汁用)、硝酸钠 5 克。

江苏猪肝腊肠:鲜猪肝 15 千克、鲜猪肉 35 千克、白糖 2.5 千克、食盐 1.5 千克、酱油 1 千克、味精 100 克、白酒 200 克、硝酸钠 5 克。

武汉猪腰香肠:鲜猪腰(肾)15 千克、鲜猪肉 35 千克、细盐 1.25 千克、白糖 3 千克、白酒 1.25 千克、五香面 50 克、酱油 2.5 千克、鲜姜 125 克(榨汁用)、硝酸钠 5 克。

云南牛肉香肠:鲜牛肉 50 千克、细盐 1.5 千克、白酒 500 克、白糖 3 千克、白酱油 1.5 千克、硝酸钠 5 克。

湖南鸡肝、鸭肝香肠:鸡肝或鸭肝 7.5 千克、猪肉 42.5 千克、细盐 2 千克、白糖 1.25 千克、白酒 500 克、硝酸钠 5 克。

上海三明治肠:鲜牛肉 30 千克、鲜猪肉 20 千克、细盐 1.25 千克、胡椒面 100 克、肉蔻面 50 克、白糖 250 克、冰屑 3 千克、硝酸钠 5 克、食用色素胭脂红 5 克。

上海色拉米肠:鲜牛肉 32.5 千克、鲜猪肉 17.5 千克、细盐 1.5 千克、冰屑 2 千克、胡椒面 100 克、胡椒粒 50 克、肉蔻面 50 克、白糖 100 克、白酒 250 克。

天津火腿肠:鲜猪肉 30 千克、鲜牛肉 20 千克、丁香面 30 克、桂皮面 30 克、肉蔻面 30 克、白胡椒面 90 克、淀粉 2.5 千克、硝酸钠 5 克。

天津苏式肠：鲜牛肉 35 千克、鲜猪肉 15 千克、细盐 1.75 千克、白胡椒面 50 克、肉蔻面 50 克、丁香面 30 克、白糖 500 克、白兰地酒 250 克、红葡萄酒 500 克、硝酸钠 5 克。

沈阳黑道斯克肠：鲜猪肉 35 千克、鲜牛肉 15 千克、淀粉 3.5 千克、胡椒面 30 克、桂皮面 30 克、大蒜 200 克、水 8 千克。

吉林伊大连斯肠：鲜牛肉 12.5 千克、鲜猪肉 37.5 千克、淀粉 2.5 千克、胡椒面 50 克、桂皮面 15 克、大蒜 200 克、水 4 千克。

沈阳奥火尼去肠：鲜猪肉 35 千克、鲜牛肉 15 千克、淀粉 1.75 千克、胡椒面 50 克、桂皮面 15 克、丁香面 5 克。

辽宁格拉布斯肠：去骨去皮生猪肉 50 千克、淀粉 4.5 千克、细盐 1.5 千克、白酒 250 克、白糖 1 千克、大蒜 200 克、胡椒面 30 克、肉蔻面 30 克、味精 30 克、桂花 100 克。

辽宁里道斯肠：鲜猪肉 35 千克、鲜牛肉 15 千克、淀粉 5 千克、胡椒面 50 克、桂皮面 30 克、大蒜 200 克、香油 500 克、味精 20 克、细盐 175 克、硝酸钠 5 克。

黑龙江格拉布斯肠：鲜猪肉 30 千克、鲜牛肉 20 千克、胡椒面 50 克、桂皮面 30 克、大蒜 100 克、淀粉 2 千克、细盐 2 千克、硝酸钠 5 克。

黑龙江意大利斯肠：鲜牛肉 25 千克、鲜猪肉 25 千克、胡椒面 50 克、胡椒粒 30 克、桂皮面 15 克、淀粉 1 千克、细盐 2 千克、硝酸钠 5 克。

黑龙江沙列姆肠：鲜牛肉 35 千克、鲜猪肉 15 千克、胡椒面 50 克、胡椒粒 30 克、白糖 200 克、香槟酒 200 克、细盐 2 千克、硝酸钠 5 克。

天津粉肠：去骨去皮生猪肉 50 千克、酱油 5 千克、香油 1.5 千克、大葱 3 千克、鲜姜末 750 克、干淀粉 18.5 千克（如果用湿淀粉则需 28.5 千克）、花椒水 40 千克（500 克花椒用 40 千克热开水浸泡 1 小时即成）、细盐 3 千克、肉蔻面 50 克、硝酸钠 5 克、食用色素胭脂红 5 克。

兰州粉肠：去骨去皮生猪肉 50 千克、干淀粉 50 千克、水 90 千克、味精 100 克、五香面 100 克、细盐 5 千克、大葱末 500 克、大蒜泥（将蒜捣烂即可）500 克、香油 1 千克、硝酸钠 5 克。

山东南肠：去骨去皮生猪肉 50 千克、酱油 7 千克、细盐 2.5 千克、黄酒 1 千克、白糖 1 千克、砂仁面 100 克、丁香面 50 克、肉蔻面 50 克、花椒面 100 克、白芷面 50 克、小茴香面 50 克。

河北熏肠：去骨去皮生猪肉 50 千克、香油 2.5 千克、鸡蛋 4 千克、鲜姜末 1 千克、大葱末 6.5 千克、丁香面 50 克、大料面 50 克、淀粉 11 千克、桂皮面 50 克、五香面 50 克。

内蒙古熏肠：去骨去皮生猪肉 50 千克、淀粉 7.5 千克、香油 5 千克、酱油 5 千克、细盐 1 千克、白糖 1 千克、硝酸钠 5 克。

广州卫生肠：去骨去皮肥膘的猪净紫肉（又名瘦肉）50 千克、白糖 4.5 千克、细盐 1.25 千克、白酒 1 千克、酱油 2.5 千克、硝酸盐 5 克。

上海灌肠：去骨去皮生猪肉 50 千克、细盐 1 千克、白糖 1 千克、酱油 2.5 千克、白酒 250 克、五香面 10 克、味精 50 克、硝酸钠 5 克。

上海肉肠：去骨去皮生猪肉 45 千克、生猪皮 5 千克、细盐 1.5 千克、胡椒面 100 克、肉蔻面 30 克、白糖 750 克、小茴香面 50 克、硝酸钠 5 克。

上海干肠：鲜牛肉 30 千克、鲜猪肉 20 千克、细盐 1.25 千克、胡椒面 125 克、白糖 250 克、肉蔻面 50 克、大蒜 100 克、淀粉 1 千克、冰屑 3 千克、硝酸钠 5 克。

### 3.香肚

**(1)配料** 配料为猪肉 100 千克（肥瘦比控制在 3:7～4:6）、精盐 5 千克、一级白糖 5 千克、调味料（八角:花椒:桂皮＝4:2:1）150 克、硝酸钠 30 克。

**(2)工艺流程** 制馅→灌装与扎口→晾晒→成熟→叠缸贮藏→煮制

**(3)操作要点**

①制馅。先将切好的肉条拌入食盐、硝石和香料中静置半小时，再加入白糖搅拌均匀，15分钟后即可装肚。灌肚时用台秤将配制好的肉馅按照200克、250克等不同标准称好，然后装肚。

②灌装与扎口。不论干膀胱还是腌制膀胱，使用前均需浸、洗、挤、沥干水分备用。

手拿肚皮，用两只手的中指与大拇指捏住肚皮的边缘，使之外翻，让肚皮口张开，接着把肉馅装入肚皮内。再用手握住装好的肚皮上部，在桌面上轻轻按揉，将肚皮中的空气排出，然后用竹签头封口。最后用细绳打一活扣，套在香肚的上部与竹签的一端，用力拉紧，使肚口收缩，并砍去竹签的一段，这时一个小肚就脱离竹签，封口处仅剩余一段绳头。按照上述方法可再灌第2个。当第2个香肚灌好封口后，也砍去一段竹签，这样一根绳的两头就扎住了2个小肚。

③晾晒。扎口的肚子于通风处晾晒，冬季晾晒3天左右，1～2月份晾晒2天左右。晾晒的主要作用在于蒸发水分，使香肚外表干燥。晾晒后失重15%左右。

④成熟。晾晒后的香肚放在通风的库房内晾挂成熟，该过程约需40天。

⑤叠缸贮藏。晾挂成熟后的产品除去表面霉菌，每4只扣在一起，分层摆放在缸中。传统工艺还需在叠缸时每100只香肚浇麻油1千克，使每只香肚表面都涂满麻油，这样既可以防霉，还可以防止变味。香肚叠缸过程中可随时取用，贮藏时间可达半年以上。

⑥煮制。香肚食用前要进行煮制。先将肚皮表面用水洗净，于冷水锅中加热至沸，然后于85～90℃的温度下保温1小时，煮熟的香肚冷却后即可切片食用。

**(4)产品特点** 香肚玲珑小巧，外衣虽薄，但弹力很强，不易破裂。内部肉质新鲜而不易霉变，便于保藏，存放期间不易变味。其口味酥嫩、香气独特、受人欢迎,是别具风味的传统食品。香肚见图6-6。

图6-6 香肚

# 三、西式香肠加工技术

西式香肠主要是熏煮香肠。熏煮香肠是指肉经腌制、绞切、斩拌、乳化成肉馅,填充入肠衣中,经烘烤(或不烘烤)、蒸煮、烟熏(或不烟熏)、冷却等工艺制成的肠类制品。

## 1.工艺流程

原料整理→腌制→绞肉→斩拌→灌制→烘烤→蒸煮→烟熏→包装

## 2.操作要点

**(1)原料整理** 所用原料可以是新鲜肉、冷却肉或冻肉。原料肉均需通过兽医检验合格,无变质现象。原料的整理操作包括解冻、劈半、剔骨、分割等过程。为了提高腌制的均匀性和可控性,原料整理过程中应把肥、瘦肉分开。瘦肉中所带肥膘不超过5%;肥肉中所带瘦肉不超过3%。瘦肉切成2厘米厚的薄片,肥肉切丁,分别放置。

**(2)腌制** 腌制的目的是使原料肉呈现均匀的鲜红色,使肉含有一定的盐分,以保证产品具有适宜的咸味,同时提高制品的保水性和黏性。

根据不同产品的配方,将瘦肉加食盐、亚硝酸钠、混合磷酸盐等添加剂混合均匀,送入 2±2℃的冷库内腌制 24～72 小时。肥膘只加食盐进行腌制。原料肉腌制结束的标志是瘦肉呈现均匀的鲜红色、肉结实而富有弹性。

**(3)绞肉** 将腌制好的原料精肉和肥膘分别通过筛孔直径为 3 毫米的绞肉机绞碎,目的是使肉的组织结构在一定程度上被破坏。

绞肉时应注意:即使从投料口将肉用力按下,从筛板流出的肉量也不会增多,但会造成肉温上升,对肉的结着性产生不良影响。绞脂肪比绞肉的负荷大,因此,如果脂肪投入量与肉量相等的话,会出现旋转困难的问题,而且绞肉机一旦转不动,脂肪就会熔化,从而导致脂肪与肉分离。

**(4)斩拌** 斩拌操作的过程是:熏煮香肠加工过程中一个非常重要的工序,斩拌操作控制的好坏直接与产品的质量有关。

斩拌操作的过程是:将瘦肉放入斩拌机内,均匀铺开,然后开动斩拌机,继而加入(冰)水(约总水量的 1/2),以利于斩拌,剩余冰水稍后加入,以控制升温。这一加水程序也使得斩拌初期肉中盐浓度较高,有利于盐溶液蛋白的溶出。加(冰)水后,最初的肉失去黏性,变成分散的细粒子状,但不久黏着性就会不断增强,最终形成一个整体。然后添加香辛料和调味料,最后均匀缓慢地一点一点添加脂肪,使脂肪分布均匀。斩拌过程中,由于斩刀高速旋转,肉的升温会破坏乳浊液,因此斩拌过程中需添加冰屑以降温。斩拌温度一般不宜高于 10℃,斩拌时间一般为 4～8 分钟。斩拌结束后,按原来的搅拌速度继续转动几转,以排除肉馅中的气体。斩拌机及其配件见图 6-7。

图 6-7　斩拌机及其配件

绞肉和斩拌过程中,盐溶性蛋白释放,其疏水基与脂肪结合,亲水基与水结合,从而产生乳化效果。此时形成的还不是真正的乳化体,而主要是由溶解的肌肉蛋白和分散在肌肉蛋白中的脂肪形成的一种多相体系,包括水相、脂相和气相。该处理过程中,脂肪粒被肌原纤维蛋白特别是肌球蛋白包裹起来。在随后的加热过程中,蛋白基质在脂肪粒周围形成并将脂肪网住。

斩拌程度过低或过高,都不利于均相乳化凝胶体的形成,因而影响产品质构。斩拌程度低时,蛋白质释放量少,乳化效果差,蛋白质和脂肪没有充分结合,甚至还以相互分离的状态存在,产品易产生脂肪析出和质构不均匀问题。但随着斩拌程度的增强,脂肪粒直径变得越来越小,脂肪表面积增大,导致蛋白溶液不足以包裹所有的脂肪颗粒,这部分没有被包裹的脂肪在加热时易形成脂肪团,同样会产生脂肪析出问题。

**(5)灌制** 灌制又称充填,是将斩拌好的肉馅用灌肠机(图 6-8)冲入肠衣内的操作。灌制时应做到肉馅紧密而无间隙,不能装得过紧或过松。过松会造成肠馅脱节或不饱满,在成品中有空隙或空洞;过紧则会在蒸煮时导致肠衣被胀破。充填后应及时打卡和结扎。

图 6-8 灌肠机

**(6)烘烤** 烘烤可使肠衣和贴近肠衣的馅层具有较高的机械强度,不易破损,同时可促进肉馅发生发色反应,使产品色泽均匀、表面呈现褐红色。塑料肠衣无需烘烤。

一般烘烤的温度为 70℃左右,烘烤时间依香肠的直径而异,为 10~60 分钟。

**(7)蒸煮** 蒸煮可使蛋白质变性凝固,破坏酶的活性,杀死微生物,促进产品风味形成。根据产品类型和保藏要求,产品可进行高温蒸煮(高温杀菌)和低温蒸煮(巴氏杀菌)。进行高温蒸煮的产品可在常温下销售;进行低温蒸煮的产品需要在冷藏条件下销售。高温蒸煮产品的受热强度应达到商业无菌要求。低温蒸煮产品的肠中心温度应达到 68~70℃,这样的加热强度能破坏酶和微生物的营养体,而不破坏芽孢菌。

**(8)烟熏** 用塑料肠衣生产的产品,因肠衣的气密性好,不用进行烟熏。进行烟熏的产品是用天然肠衣、胶原肠衣或纤维素肠衣生产的。烟熏可在多功能烟熏炉中进行,烟熏主要是赋予制品特有的烟熏风味,改善制品的色泽,并通过脱水作用和杀菌作用增强制品的保藏性。

烟熏的温度和时间依产品的种类、直径和消费者的嗜好而定。一般烟熏温度为 50~80℃,时间为 10 分钟~24 小时。

烟熏完成后,用 10~15℃的冷水喷淋肠体 10~20 分钟,使肠坯温度快速降下来,然后送入 0~7℃的冷库内,冷却至库温,贴标签再进行包装,即为成品。

**(9)包装** 产品经检验合格后,按要求进行包装。

# 四、西式香肠制品加工

## 1.法兰克福香肠

### (1)配料

①纯肉制品配料。牛肉修整肉 50 千克、普通猪碎肉 33 千克、冰屑 25 千克、盐 2.5 千克、玉米糖浆 1.6 千克、白胡椒 208 克、肉豆蔻 52 克、异抗坏血酸钠 44 克、亚硝酸钠 13 克。

②加奶粉配料。普通猪碎肉 50 千克、猪碎肉(80%瘦肉)15 千克、瘦牛肉 7 千克、冰屑 20 千克、脱脂奶粉 2 千克、盐 2 千克、胡椒 90 克、甜辣椒 45 克、辣椒素 45 克、肉豆蔻 45 克、异抗坏血酸钠 38 克、亚硝酸钠 11 克。

（2）**工艺流程** 原料肉选择与修整→腌制→斩拌→充填、结扎→干燥→水煮（蒸煮）→烟熏→冷却

（3）**工艺操作要点**

①原料肉选择与修整。精选新鲜畜肉，并加以修整、分切。为降低微生物的增殖速度，低温处理时动作要迅速。

②腌制。将肉切成一定大小，添加混合盐（包含食盐、异抗坏血酸钠和亚硝酸钠）腌制。腌制温度一般在4℃左右，腌制1～3天。

③斩拌。将原料肉通过孔径为10毫米的绞肉机绞碎，放入斩拌机中斩拌。将调味料洒在肉上，加入1/3碎冰，其余碎冰在斩拌过程中缓慢加入，使肉保持在4～5℃，然后再加肥肉，充分斩拌。由于斩拌时肉吸水膨胀，形成富有弹性的肉糜，因此斩拌时需加冰水，加入量为原料肉的30%～40%（包括碎冰）。

④充填、结扎。要使用胶原纤维蛋白肠衣进行充填，因其具有通气性，且皮很薄。充填时注意肠体松紧要适度，充填完毕用清水将肠体表面冲洗干净。

⑤干燥。干燥的目的是发色及使肠衣变得结实，以防止在蒸煮过程中肠体爆裂。干燥温度55～60℃、时间30分钟以上，要求肠体表面爽滑、不沾手。干燥温度不宜高，否则肠体易出油。

⑥水煮（蒸煮）。肉制品的加热方法有干燥、烟熏、蒸煮、水煮等，但一般加热以蒸煮和水煮为多，其主要目的是杀菌、发色，使肉中的酶素失去活性，使蛋白质发生热凝固，增加产品的风味。

• 水煮：温度82～83℃煮30分钟以上，温度过高肠体易爆裂，时间过长（80分钟以上），也易导致肠体爆裂。

• 蒸煮：设定温度110℃、湿度90%、时间25分钟。

⑦烟熏。

• 设定温度（中心温度）72℃、时间25分钟。

• 烟熏材料：以山胡桃木为主。

• 烟熏主要目的：增加风味，增进保存性，使肉色美观，防止制品

氧化、酸败。

⑧冷却。经蒸煮和烟熏后,虽然致病菌和腐败菌均被杀死,但细菌芽孢未被杀死。在适当的温度下,细菌芽孢便会开始繁殖。所以经过加热处理后,应迅速用淋浴的方式急速冷却制品,以避免其表面形成皱纹,并抑制微生物生长繁殖。冷水冲

图 6-9　图法兰克福香肠

淋肠体 10～20 秒,产品在冷却过程中要求室内的相对湿度为75%～80%,太干、太湿都容易使肠衣不脆、难剥皮。

## 2.热狗

**(1)配料**　原料:猪瘦肉 20 千克、牛瘦肉 60 千克、猪脂肪 20 千克、玉米淀粉 5 千克、大豆分离蛋白 2 千克、冰水 30 千克;辅料:食盐 2.5 千克、混合粉 0.3 千克、白砂糖 0.3 千克、热狗香肠调味料 0.7 千克。

**(2)工艺流程**　原料选择→解冻→清洗→修整→切块→腌制→配料→斩拌→灌肠→干燥→烟熏→蒸煮→冷却→去皮→包装→速冻

**(3)工艺操作要点**

①原料选择。选择来自非疫区,经卫生检验合格的优质牛肉、猪肉。猪瘦肉要求用猪 2 号、4 号分割肉,猪脂肪选用硬膘,即背部脂肪。

②解冻。将分割肉投入解冻池,解冻时间控制在 24 小时以内。解冻至中心温度在 1～7℃、无肉汁析出、无冰晶体、气味正常为准。

③清洗。用洁净的自来水冲洗,去除表面泥沙及其他污物。

④修整。修去淋巴、黑色素肉、伤肉、颈部刀口肉、碎骨、软骨、粗组织膜、淤血和其他杂质。

⑤切块。将瘦肉与肥膘分别切成 3～5 厘米的条状,然后分别放置。

⑥腌制。将猪瘦肉与肥膘用食盐、混合粉等腌制 24 小时备用。

⑦配料。按配料表配齐原、辅材料，以备斩拌。牛肉采用市场购得的无筋膜的精牛肉。

⑧斩拌。首先将斩拌机盛料盘的温度降至 6℃以下，加入牛肉、猪肥膘、分离蛋白、部分冰水（约 1/3）进行斩拌，约 2 分钟形成乳化状态后，加入猪瘦肉及其他辅料、调味料、剩余的冰水，最后加入淀粉，关盖抽真空并继续斩拌至 1～2 毫米颗粒的肉糜，斩拌的最终温度控制在 12～15℃。

⑨灌肠。将肉糜倒入灌肠机中，适当调整压力，使肠体长度在 10～12 厘米，重量在 300 克左右，充填后肠体直径为 18～20 厘米。灌肠时应尽量避免肉糜沾到肠体表面。灌制好的肠体用专用杆挂于架车上，做到肠体之间留有空隙。不能及时熏制的肠体要推入腌制间内暂时存放。

⑩干燥。在 60℃的恒定温度下，干燥 30 分钟。

⑪烟熏。温度控制在 40～50℃之间，烟熏 25 分钟。发烟材料采用除松木以外的阔叶木锯末。

⑫蒸煮。恒定温度为 78℃，蒸煮 18 分钟。

⑬冷却。采用喷淋水冷却，将肠体中心温度降至 10℃以下。

⑭去皮。采用机械去皮，适当调整刀深，使肠衣皮全部剥落而不在肠体上留下超过 1 毫米的刀痕，保证肠体完整。

⑮包装。按规定数量整齐排列，再放入包装箱。

⑯速冻。将包装好的香肠送入速冻库速冻。速冻后转入 -18℃ 的恒温库冷藏。


## 3.大众红肠

**(1)配料**　猪肌肉 25 千克、牛肌肉 13 千克、猪肥膘 12 千克、干淀粉 3 千克、精盐 215～3000 克、味精 45 克、胡椒粉 45 克、大蒜 150

克、亚硝酸钠 5 克。

**(2)工艺流程**　原料的整理和切割→腌制→绞肉和斩拌→拌馅→灌制→烘烤→煮制→熏制

**(3)操作要点**

①原料的整理和切割。将新鲜的猪、牛肉剔骨,去皮,修去结缔组织、淋巴、斑痕、淤血等。牛肉须去掉脂肪,然后顺着肌肉纤维切成 0.5 千克左右的肉块。

②腌制。在整理好的肌肉块中加入肉重 3.5%～4% 的食盐和 0.01% 的亚硝酸盐,搅拌均匀后装入容器内,在室温 10℃ 左右下,腌制 3 天,待肉的切面约有 80% 的面积变成鲜红的色泽,且有坚实弹力时,即为腌制完毕。肥膘肉以同样方式腌制 3～5 天,待脂肪有坚实感,色泽均匀一致,即为腌制完毕。

③绞肉和斩拌。将腌制完的肉和肥膘冷却至 3～5℃ 后,分别送入绞肉机中绞碎。将绞好的肉馅放入斩拌机中进一步剁碎,同时添加肉重 30%～40% 的水。

④拌馅。斩拌好的肉馅放入拌馅机,同时加入 25%～30% 的水调成的淀粉糊,搅拌均匀后再加入肥肉丁和其他各种配料。拌馅时间应以拌和的肉馅弹力好、包水性强、没有乳状分离为准,一般以 10～20 分钟、温度不超过 10℃ 为宜。

⑤灌制。灌制过程包括灌馅、捆扎和吊挂。在装馅之前需对肠衣进行检查,并用清水浸泡。灌馅是在灌肠机上进行的。灌好的肠体用纱绳捆扎起来,每 15 厘米左右为一节,并应留有 15% 的收缩率。灌好的肠体要用小针戳破,放气后挂在架子上,以便烘烤。

⑥烘烤。烘烤时,肠体距火焰应保持 60 厘米以上的距离,并每隔 5～10 分钟将炉内红肠上下翻动一次,以免烘烤不均。烤炉温度通常保持在 65℃ 左右。烘烤时间为 1 小时左右。待肠衣表面干燥光滑,无流油现象,肠衣呈半透明状,肉馅色泽红润时即可出炉。

⑦煮制。将清水升温至 90～95℃，放入红肠，保持水温在 80～90℃。待红肠中心温度达 75℃以上时，用手捏肠体，感到硬挺、有弹性即为煮熟，可出锅。煮制时间主要决定于红肠直径的大小以及配料的不同，如羊肠煮制的时间为 10～15 分钟，粗牛大肠和羊盲肠的煮制时间为 35～55 分钟。

⑧熏制。熏制在熏烟室内进行。熏制时先用木柴垫底，上面覆盖一层锯末，木材与锯末的比例为 1∶2。将煮过的灌肠送入后，点燃木料，关闭门窗，使其缓慢燃烧，切不可用明火烘烤。熏烟室的温度通常要保持在 35～45℃，时间为 5～7 小时。待肠体表面光滑而透出内部肉馅色并且有类似红枣皱纹时，可出烘房，自然冷却，即成制品。

# 第七章

# 其他肉制品加工技术

## 一、干制肉制品加工

### 1.猪肉松

**(1)工艺流程**　原料选择→辅料选择→原料修整→煮制→撇油→炒松→跳松、拣松→包装和贮藏

**(2)工艺操作要点**

①原料选择。原料是经卫生检验合格的新鲜后腿肉、夹心肉和冷冻分割精肉。其中后腿肉是做肉松的上乘原料,具有纤维长、结缔组织少、成品率高等优点。夹心肉的肌肉组织不如后腿肉,纤维短、结缔组织多、组织疏松、成品率低,但成本也较低。为了降低成本,通常将夹心肉和后腿肉混合使用。冷冻分割精肉也可作肉松原料,但其丝头、鲜度和成品率都不如新鲜的后腿肉。

要使成品纤维长、成品率高、味道鲜美,就得选色深、肉质老的新鲜猪后腿肉为原料。如用夹心肉、冷冻分割精肉做原料,就会出现纤维短和成品率低的现象。

②辅料选择。辅料搭配得好能确保猪肉松色泽鲜艳、滋味鲜美、香甜可口。

以 55 千克熟精肉为一锅,配置肉汤 25 千克,需红酱油 7～9 千

克、白酱油 7～9 千克、精盐 0.5～1.5 千克、黄酒 1～2 千克、白砂糖 8～10千克、味精 100～200 克。由于各地的口味不同，可以适当调整各种辅料的比例。肉汤可以增加成品中的蛋白质含量，提高成品鲜度，延长保存期限。对肉汤的质量要严格要求：新鲜肉汤透明澄清，脂肪团聚在表面，具有香味；变质肉汤汤色浑浊，有黄白色絮状物，脂肪极少浮于表面，有臭味。加工时绝对不允许使用后者。如成品色泽过深或过浅，需调整辅料中红酱油的用量。如红酱油色泽不正，需选择色泽较好的红酱油。

③原料修整。原料修整包括削膘、拆骨、分割等工序。

• 削膘：削膘是指将后腿肉、夹心肉的脂肪层与精肉层进行分离的过程。可以从脂肪与精肉接触的一层薄薄的、白色透明的衣膜处进刀，使两者分离。要求做到分离干净，也就是肥膘上不带精肉，精肉上不带肥膘，剥下的肥膘可以作其他产品的原料。

• 拆骨：拆骨是将已削去肥膘的后腿肉和夹心肉中的骨头取出。拆骨的技术性要求较高，要求做到骨上不带肉、肉中无碎骨、肉块比较完整。

• 分割：分割是把肉块上残留的肥膘、筋腱、淋巴、碎骨等修净，然后顺着肉丝切成 1.5 千克左右的肉块，以便于煮制。如不按肉的丝切块，就会造成产品纤维过短。

④煮制。煮制是肉松加工工艺中比较重要的一道工序，它直接影响猪肉松的纤维及成品率。煮制一般分为以下 6 个环节。

• 原料过磅。每口蒸汽锅可投入肉块 180 千克。投料前必须过磅，老和嫩的肉块要分开过磅，分开投料，腿肉与夹心肉按 1∶1 搭配下锅。

• 下锅。把肉块和汤倒进蒸汽锅，放足清水。

• 撇血沫。蒸汽锅里水煮沸后（水不溢出），用铲刀把肉块从上至下、前后左右翻身，防止黏锅。同时把血沫撇出，保持肉汤不混浊。

• 焖酥。一锅肉焖酥时间可从撇血沫开始算起，至起锅时为止。

季节、肉质老嫩程度不同,焖酥时间就不一样。一般肉质较老的肉焖酥时间在 3.5 小时左右。每隔一段时间必须检查锅里肉块情况,焖酥阶段是煮制中最主要的一个环节。肉松纤维长短、成品率高低都是由焖酥阶段决定的。检查锅里肉块是否焖酥,一般要按下面操作方法进行:把肉块放在铲刀上,用小汤勺敲几下,肉块肌肉纤维能分开,用手轻拉肌肉纤维,有弹性且不断,说明此锅肉已焖酥;如果肉块用小汤勺一敲,丝头已断,说明此锅肉已煮烂,焖酥时间过头了;用小汤勺敲几下肉块仍然老样子,还必须焖煮一段时间。

• 起锅。把焖酥后的肉块撇去汤油、捞清油筋后,用大笊篱起出放在容器里。未起锅时,要先把浮在肉块上面的一层较厚的汤油用大汤勺撇去,用小笊篱捞清汤里的油筋后,用铲刀把肉块上下翻几个身,让汤油、油筋继续浮出汤面。遇到夹心肉必须敲碎,后腿肉则不必敲。按上述操作方法几次反复后,待这锅肉的汤油及油筋较少时即可起锅。起锅时熟精肉应呈宝塔形,一层一层叠放在容器里,目的是将肉中的水分压出。留在蒸汽锅里的肉汤必须煮沸后,待下道工序撇油时作辅料用。

• 分锅。把堆成宝塔形的熟精肉摊开,净重 55 千克为一盘。分锅后的熟精肉作下道工序撇油用。

煮制质量要求:肉块不落地,投料准确,老嫩分开,腿肉、夹心肉搭配,血沫撇尽,锅内水分、油脂不溢出锅外。熟精肉酥而不烂,纤维长,碎肉每锅控制在 2.5 千克以内,出肉率控制在 49% 以上,熟精肉每盘净重 55 千克。

本工序对成品质量影响:煮制过度会造成肉质烂、成品纤维短,使成品率低于 32%。成品杂质多是因为煮制时未将油筋等杂质拣去。肉汤浑浊是因为血沫未撇尽,汤没有煮沸或汤煮沸后又加入生水。

⑤撇油。撇油是半成品猪肉松形成的阶段,是猪肉加工工艺中重要的工序,也叫“除浮油”。此工序直接影响成品的色泽、味道、成

品率和保存期。油不净则不易炒干,并易于焦锅,使成品发硬、颜色发黑。撇油一般可分为以下 6 个环节。

• 下锅和第一次加入辅料:将净重 55 千克的熟精肉倒进蒸汽锅里,加入专门配置的肉汤、红白酱油、精盐、酒和适量的清水。待锅里汤水煮沸后是不允许加入生水的,否则会影响成品的保存期。

• 撇油:摇动蒸汽锅手柄,使蒸汽锅有一个小的倾斜度,便于堆肉、撇油。用笊篱把汤中的肉一层一层堆高(汤里如有油筋应及时拣出来),这时黄色的油脂浮在汤面上,要用小勺不断撇去。然后用铲刀把肉摊平,前后翻两个身,仍用笊篱把肉堆高,按上述操作法撇去油脂、捞去油筋。撇油时要勤翻、勤撇、勤拣。一锅肉一般要堆 10 次肉,每堆 1 次撇油 2 次。这样成品的含油率才基本符合标准。检查一锅肉油脂是否符合标准,一般可用肉眼进行观察。如果蒸汽锅的锅底能从红汤里映出来,而浮在红汤上面的油脂呈白色,像雪花飘在汤上面、油滴稀散、不能聚合在一起,就证明锅内的油脂已基本撇清,含油率能控制在 8% 以内。撇油时如遇到小块肉必须顺丝撕成条状,使辅助料渗透在肉质中,否则会影响成品的味道和保存期。撇油时间应掌握在 1.5～2 小时,目的是让辅料充分、均匀地被肉的纤维所吸收。

• 回红汤:肉汤和酱油混在一起的汤液颜色是红的,故称为红汤。在撇油脂的过程中,红汤油随油脂一起倒入汤内。将锅内的油脂基本撇净后,必须把桶内的油脂撇到另一处,下面露出红汤。红汤含有一定的营养成分、鲜度和咸度。这些红汤必须重新倒回蒸汽锅里,被肉质全部吸收进去。

• 收汤:油脂撇清后,锅里留有一定量的红汤(包括倒回去的红汤),这些红汤必须与肉一起煮制,此过程称为收汤。在收汤时,蒸汽压力不宜太大,必须不断地用铲刀翻动肉,使红汤均匀地被肉质吸收,同时不黏锅底、不产生锅巴,以保证成品的质量。收汤时间一般为 15～30 分钟。

• 第二次加入辅料：收汤以后还须经过 30 分钟翻炒,翻炒过程中要第二次加入辅料——绵白糖和味精。结块的糖先要捏碎才能放入锅里。半成品肉松中含有比较多的水分,糖遇热后会变成糖水,这时翻炒要勤,否则半成品肉松极易黏锅底。

• 炒干及过磅：经过 45 分钟左右的翻炒,半成品肉松中的水分减少,把它捏在手掌里,没有糖汁流下来,即可以起锅过磅,净重达到57.5 千克为合格。一锅半成品肉松分装在 4 个盘里,等待炒松。

撇油质量要求：二次称量的熟精肉应每一锅净重 27.5 千克(加入的辅助料全部吸收在半成品中)。为提高肉松的营养、鲜度和咸度,红汤必须回锅。撇油时,肉筋和油脂要撇清,要做到勤撇、勤炒。每一锅肉从下锅到制成半成品,操作时间在 3 小时以上。每锅成品含油率 8％,半成品水分在 36％ 左右,过磅验收的半成品重量应不超过 57.5 千克。

本工序对成品质量影响：含油率超过 8％,主要原因是没有做到勤翻、勤撇。成品中油筋、头子多(头子系红汤、糖汁与肉的纤维黏在一起形成的细小团粒),主要原因是没有勤拣、勤炒。肉松色泽、味道差的原因是红汤没有回锅,加入糖后没有勤炒。成品绒头差的原因是油没有撇尽,致使肉松含油率高。

⑥炒松。炒松的目的是将半成品肉松脱水为干制品。炒松对成品的质量、丝头、味道等均有影响,一定要遵守操作规程。

将半成品肉松倒入热风顶吹烘松机,烘 45 分钟左右,使水分先蒸发一部分,然后再将其倒入铲锅或炒松机进行烘炒。半成品肉松纤维较嫩,为了不使其受到破坏,要用文火烘炒。炒松机内的肉松中心温度以 55℃ 为宜,炒 40 分钟左右。然后将肉松倒出,清除机内锅巴,再将肉松倒回去进行第二次烘炒,这次烘炒 15 分钟即可。分两次炒松的目的是减少成品中的锅巴和焦味,提高成品质量。经过两次烘炒,原来较湿的半成品肉松会变得比较干燥、疏松和轻柔。

烘炒以后还要进行擦松,擦松可以使肉松变得更加轻柔,并出现绒头,即绒毛状的肉质纤维。擦好后的肉松要进行水分测定,测定时采集的样品要取样均匀、有代表性。水分测定合格后才能进入跳松、拣松阶段。

本工序对成品质量影响:炒松时肉松水分如在规定标准1%以下,就会造成肉松成品率低、纤维短;炒松时如用大火,容易结锅巴,成品率也低,成品有轻度焦味或肉松纤维较硬。

⑦跳松、拣松。跳松是把混在肉松里的头子、筋等杂质通过机械振动的方法分离出来。拣松是为了弥补上述机器跳松的不足而采用人工方法,把混在肉松里的杂质进一步拣出来。拣松时要做到眼快、手快,拣净混在肉松里的杂质。

拣松后还要进行第二次水分测定、含油率测定和菌检测定。在各项测定指标均符合标准的条件下方可包装。

⑧包装和贮藏。包装是把检验合格后的肉松按不同的包装规格密封装袋,一要分量准确,二要封牢袋口。肉松的吸水性很强,保存期限与保管方法有关。用马口铁罐包装的肉松可保存半年,用塑料袋包装的肉松能保存3个月,而用纸袋包装的肉松只能保存1～2个月。由于肉松含水率较低,容易吸潮和吸收异味,所以必须放在通风干燥的仓库里,像樟脑丸、香料等绝不能与肉松混放。梅雨、高温季节肉松特别容易变质,因此,每隔一段时间要检查一次。

本工序对成品质量影响:成品水分超过规定标准,主要是因为肉松没有立即包装,或塑料袋封口漏气,致使肉松返潮。

## 2. 肉干

肉干是用新鲜的猪、牛、羊等瘦肉经预煮,切成小块,加入配料复煮、烘烤等工艺制成的干熟肉制品。因其形状多为1厘米大小的块状而被称为肉干。

(1)**工艺流程** 原料肉选择与处理→预煮→切坯→复煮→脱水→冷却、包装

**（2）操作要点**

①原料肉选择与处理。多采用新鲜的猪肉和牛肉，以前后腿的瘦肉为最佳。将原料肉除去脂肪、筋腱、肌膜后，顺着肌纤维切成0.5千克左右的肉块，用清水浸泡除去血水、污物，然后沥干备用。

②预煮。预煮的目的是进一步挤出血水，并使肉块变硬以便切坯。将沥干的肉块放入沸水中煮制，一般不加任何辅料，但有时为了去除异味，可加1%～2%的鲜姜。煮制时以水盖过肉面为原则，水温保持在90℃，撇去肉汤上的浮沫，煮制1小时左右，以肉发硬、切面呈粉红色为宜。肉块捞出后，汤汁过滤待用。

③切坯。肉块冷却后，可根据工艺要求在切坯机中切成小片、条、丁等形状。可按需要切成1.5厘米的肉丁或0.5厘米×2.0厘米×4.0厘米的肉片。不论什么形状，大小要均匀一致。

④复煮。复煮又叫红烧。取原汤一部分加入配料，将切好的肉坯放在调味汤中用大火煮开，其目的是使肉进一步熟化和入味。复煮汤料配制时，取肉坯重20%～40%的过滤初煮汤，将配方中不溶解的辅料装袋入汤煮沸后，加入其他辅料及肉丁或肉片，用锅铲不断轻轻翻动。用大火煮制30分钟后，随着剩余汤料的减少，应减小火力以防焦锅。再用小火煨1～2小时，直到汤汁将干时，即可将肉取出。如无五香粉，可将小茴香、陈皮及肉桂适量包扎在纱布内，然后放入锅内与肉同煮。汤料配制时，盐的用量各地相差无几，但糖和各种香辛料的用量相差较大，无统一标准，以适合消费者的口味为原则。

⑤脱水。肉干常规的脱水方法有3种。

• 烘烤法——将收汁后的肉丁或肉片铺在竹筛或铁丝网上，放置于烘炉或远红外烘箱烘烤。烘烤温度前期可控制在80～90℃，后期可控制在50℃左右，一般经5～6小时则可使含水量下降到20%以下。在烘烤过程中要注意定时翻动。

• 炒干法——收汁结束后，肉丁或肉片在原锅中用文火加温，并不停搅翻，炒至肉块表面微微出现蓬松茸毛时即可出锅，冷却后即为成品。

• 油炸法——先将肉切条,然后用 2/3 的辅料(其中白酒、白糖、味精后放)与肉条拌匀,腌渍 10～20 分钟后,投入 135～150℃的油锅中油炸。炸到肉块呈微黄色后,捞出并滤净油,再将酒、白糖、味精和剩余的 1/3 辅料混入拌匀即可。

在实际生产中,亦可先烘干再上油衣。例如四川丰都产的麻辣牛肉干,在烘干后用菜油或麻油炸酥起锅。

⑥冷却、包装。冷却以在清洁室内摊晾、自然冷却较为常见。必要时可用机械排风,但不宜在冷库中冷却,否则易吸水返潮。包装用复合膜为好,尽量选用阻气、阻湿性能好的材料。最好选用 PET/AL/PE 等膜,但费用较高;PET/PE,NY/PE 效果次之,但较便宜。也可先用纸袋包装,再烘烤 1 小时后冷却,以防止发霉变质,延长保存期。如果装入玻璃瓶或马口铁罐中,可保藏 3～5 个月。

**(3)常见几种肉干配方**

①咖喱肉干配方。以上海产咖喱牛肉干为例:鲜牛肉 100 千克、精盐 3.0 千克、酱油 3.1 千克、白糖 12 千克、白酒 2 千克、咖喱粉 0.5 千克。

②麻辣肉干配方。以四川生产的麻辣猪肉干为例:鲜猪肉 100 千克、精盐 3.5 千克、酱油 4.0 千克、老姜 0.5 千克、混合香料 0.2 千克、白糖 2 千克、酒 0.5 千克、胡椒粉 0.2 千克、味精 0.1 千克、海椒粉 1.5 千克、花椒粉 0.8 千克、菜油 5 千克。

③五香肉干配方。以新疆马肉干为例:鲜马肉 100 千克、食盐 2.85 千克、白糖 4.5 千克、酱油 4.75 千克、黄酒 0.75 千克、花椒 0.15 千克、八角 0.2 千克、茴香 0.15 千克、丁香 0.05 千克、桂皮 0.3 千克、陈皮 0.75 千克、甘草 0.1 千克、姜 0.5 千克。

④果汁肉干配方。以江苏靖江生产的果汁牛肉干为例:鲜牛肉 100 千克、食盐 2.5 千克、酱油 0.37 千克、白糖 10 千克、姜 0.25 千克、白糖 0.37 千克、大茴香 0.19 千克、果汁露 0.2 千克、味精 0.3 千

克、鸡蛋 10 枚、辣酱 0.38 千克、葡萄糖 1 千克。

### 3.肉脯

肉脯是指瘦肉经切片(或绞碎)、调味、腌制、摊筛、烘干、烤制等工艺制成的干熟、薄片型的肉制品。一般包括肉脯和肉糜脯。

**(1)工艺流程** 原料选择与处理→切片→调味腌制→摊筛→烘干→焙烤→压平、切片→包装和贮藏

**(2)操作要点**

①原料选择与处理。选用经卫生检验合格的新鲜或解冻猪后腿肉或精牛肉,经过剔骨处理,除去肥膘、筋膜,顺着肌纤维切成块,洗去油污。需冻结的则装入方型肉模内,压紧后送−20~−10℃冷库内速冻,至肉块中心温度达到−4~−2℃时,取出脱模,以便切片。

②切片。将冷冻后的肉块放入切片机中切片或人工切片。切片时必须顺着肉的肌纤维切片,肉片的厚度应控制在 1 厘米左右,然后解冻、拌料。不冻结的肉块排酸嫩化后,直接手工片肉并进行拌料。

③调味腌制。肉片可放在调味机中调味腌制。调味腌制的作用:一是将各种调味料与肉片充分混合均匀;二是起到按摩作用,肉片经搅拌、按摩,可使肉中盐溶蛋白溶出一部分,使肉片带有黏性,便于在铺盘时肉片与肉片之间相互联结。所以,在调味时应注意将调味料与肉片均匀地混合,使肉片中盐溶蛋白溶出。将辅料混匀后与切好的肉片拌匀,在 10℃以下冷库中腌制 2 小时左右。

• 靖江猪肉脯配料:瘦肉 50 千克、酱油 4.25 千克、鸡蛋 1.5 千克、白糖 6.75 千克、胡椒 50 克、味精 250 克。

• 天津牛肉脯配料:牛瘦肉 50 千克、白糖 6 千克、姜 1 千克、白酒 1 千克、精盐 0.75 千克、酱油 2.5 千克、味精 100 克、苯甲酸钠 100 克。

• 上海肉脯配料:鲜猪肉 125 千克、精盐 2.5 千克、白糖 18.7 千克、酒(酒精体积分数 60%)5 千克、硝酸钠 250 克、酱油 10 千克、香

料 0.5 千克、小苏打 0.75 千克。

④摊筛。摊筛的工序目前均用手工操作。首先用食物油将竹盘或铁筛刷一遍,然后将调味后的肉片平铺在竹盘上,肉片与肉片之间由溶出的蛋白胶相互黏住,但肉片与肉片之间不得重叠。

⑤烘干。烘烤的主要目的是促进发色和脱水熟化。将铺平在筛子上的、已连成一大张的肉片放入干燥箱中,干燥的温度在 55～60℃,前期烘烤温度可稍高。肉片厚度在 0.2～0.3 厘米时,烘干时间为 2～3小时,烘干至水分在 25％为佳。

⑥焙烤。焙烤是将半成品在高温下进一步熟化,并使其质地柔软,产生良好的烧烤味和油润的外观。焙烤时可把半成品放在烘炉的转动铁网上,烤炉的温度在 200℃左右,焙烤 8～10 分钟,以烤熟为准,不得烤焦。成品中含水量应小于 20％,一般以 13％～16％为宜。也有的产品不需焙烤,烘干、切形后加入香油等即为成品。

⑦压平、切片。烘干后的肉片是一大张,将这一大张肉片从筛子中揭起,用切形机或手工切形,一般可切成 6～8 厘米的正方形或其他形状。

⑧包装和贮藏。烤熟切片后的肉脯在冷却后应迅速进行包装。包装可用真空包装或充氮气包装,外加硬纸盒按所需规格进行外包装,也可采用马口铁罐大包装或小包装。塑料袋包装的成品宜贮存在通风干燥的库房内,保存期为 6 个月。

⑨肉脯成品标准。

• 感官指标:色泽呈棕红色,表面油润透亮,味道鲜美,咸甜适中,具有肉脯特有风味,无焦味、异味,形状呈 6～8 厘米的正方形,厚薄均匀,无杂质。

• 理化指标:水分含量≤20％。

• 微生物指标:细菌总数(个/克)≤30000,大肠菌群总数(个/100 克)≤40,不得检出致病菌。

# 二、烧烤肉制品加工技术

## 1.烤牛肉

**(1)工艺流程**　选料→解冻→修整→盐水注射及真空滚揉→滚沾→烘烤→真空包装→杀菌

**(2)工艺操作要点**

①选料。选择经卫生检验合格的牛肉。

②解冻。一般加工厂用的是冷冻牛肉,冷冻牛肉应经解冻恢复鲜肉状态。一般采用自然解冻法,解冻室夏季为12℃左右,解冻时间为8～10小时;冬季为16℃左右,解冻时间为10～12小时。解冻结束后的牛肉内部温度应在0～4℃,以减少解冻后的肉汁和营养成分的损失。

③修整。将已解冻好的肉剔除筋腱、脂肪、淋巴等,切成1千克左右的长方形肉块,然后沥干水分。

④盐水注射及真空滚揉。

• 腌制剂的配方(以100千克的牛肉计,盐水注射量为10%):水10千克、精盐1.2千克、白糖0.5千克、葡萄糖0.5千克、味精0.15千克、亚硝酸钠10克、聚合磷酸盐0.2千克、卡拉胶0.25千克。

• 配制方法。盐水应在注射前24小时配制。先将聚合磷酸盐用少量的热水溶解,然后加水,再加入卡拉胶和食盐配成盐水,再在盐水中加白糖和葡萄糖、味精,充分搅拌均匀后,放在7℃的冷藏间存放,在使用前1小时再加入亚硝酸钠,经充分搅拌并过滤后使用。

• 盐水注射。将按以上比例配制好的腌制液注入盐水注射机内,对肉进行注射和嫩化,以加快盐水在肉块中的渗透、扩散,起到发色均匀、缩短腌制时间、增加保水性的作用。盐水总用量为肉重的10%。

• 真空滚揉,腌制。本工艺采用动态和静态相结合的腌制法。

将已注射的原料肉一起倒入滚揉机中,在真空度为 0.8 兆帕和温度为0~4℃的低温下真空滚揉 10 小时(注意要顺时针转 20 分钟,停止 10 分钟,再逆时针转 20 分钟,再停止 10 分钟,如此反复循环至规定的时间)。

⑤滚沾。涂料配方:花椒粉 50%、辣椒粉 30%、小茴香粉 20%。将滚揉好的肉块表面均匀涂上由花椒粉、辣椒粉和小茴香粉配成的麻辣风味涂料。

⑥烘烤。将滚沾好涂料的牛肉放在烤炉中,先用 90℃温度烤 30 分钟,再升温至 150~160℃烤 1 小时,使肉的中心温度达到 72~73℃即可。此时肉颜色淡红、手按有弹性。

⑦真空包装。将烤好的牛肉晾凉后,按包装规格装入复合膜袋中,用真空泵(0.1 兆帕)抽真空后,进行密封包装。

⑧杀菌。真空包装后,采用低温杀菌,温度为 80~85℃,时间为 20~25 分钟。

## 2.烤鸭

**(1)工艺流程** 调味料配制→原料处理→入料着色→凉皮烤制
**(2)操作要点**

①调味料配制。调味料的使用很重要,使用得当,能给予制品良好的风味,抑制和矫正制品的不良气味。烤鸭所用的调味料并非一成不变,应视烧烤的方法和当地居民的习惯选料。按 1 千克重的光鸭计算,可用精盐 18 克、白砂糖 5 克、生抽 15 克、芝麻酱 4 克、葱白 2 克、蒜蓉 2 克、五香粉 2 克。

②原料处理。应选经过育肥的、活重在 2~2.5 千克的肉用鸭,既不可过肥,也不宜太瘦。先将活鸭(毛鸭)宰杀放血,去毛(水温以 68~70℃为宜,水温过低拔毛困难,容易撕破皮;水温过高虽拔毛容易,但也会破皮),冲洗干净。接着在鸭颈背上开一切口,进行打气(或吹气),目的首先是使气体充满皮下脂肪或结缔组织之间,以保持

鸭膨胀结实的外形,同时减少水分蒸发。打气后,在肛门上方开一直口或在右翼腋下开一弯月形切口,取出内脏,斩去双脚(不要过膝)和下翼,然后洗净。

③入料着色。首先将调味料混匀,放入鸭的腹腔内,用铜针缝合肛门切口。然后将鸭吊挂,用100℃左右的热水淋其全身,目的首先是使其表皮毛孔紧缩,防止在烤制时大量脂肪从毛孔中外溢;其次是除去体表油脂,使鸭着色均匀;再次是使鸭坯表层蛋白质受热变性凝固,皮层增厚,烧烤后产生酥脆感。皮烫好后,最后用麦芽糖水溶液浇淋(挂糖色),目的是增色、增香,使烤制后的鸭坯身呈枣红色,表皮脆香、适口不腻。

④凉皮烤制。将烫皮、挂糖色后的鸭坯放在通风处进行晾皮,目的是蒸发肌肉和皮层水分,使皮层变厚,在烤制过程中增加脆性。鸭坯表皮晾干后便可入炉烤制。烤制温度一般在200～220℃,约经25～30分钟即可烤熟。

# 第八章

# 乳品原料及特性

乳是哺乳动物分娩后由乳腺分泌的一种白色或微黄色的不透明液体，是一种复杂的胶体分散体系，分散体系中分散介质是水，分散质有乳糖、无机盐类、蛋白质、脂肪、气体等。

可供人类使用的乳不仅有牛乳，还包括羊乳、马乳等，但以牛乳产量最大、产品最为普遍。牛乳主要化学成分及含量见下表。

**表 8-1　牛乳主要化学成分及含量**

| 成分 | 水分 | 总乳固体 | 脂肪 | 蛋白质 | 乳糖 | 无机盐 |
|------|------|----------|------|--------|------|--------|
| 变化范围/% | 85.5~89.5 | 10.5~14.5 | 2.5~6.0 | 2.9~5.0 | 3.6~5.5 | 0.6~0.9 |

## 1.正常乳

正常乳是指雌性哺乳动物产后 14 天所分泌的乳汁，也称"成熟乳"。通常雌性哺乳动物要到产后 30 天左右乳成分才趋于稳定。正常乳是通常用来加工乳制品的乳。

新鲜的正常牛乳呈不透明的乳白色或稍带淡黄色。乳白色是乳的基本色调，这是乳中的酪蛋白酸钙、磷酸钙胶粒等微粒对光的不规则反射的结果。牛乳中的脂溶性胡萝卜素和叶黄素使乳略带淡黄色，而水溶性的核黄素使乳清呈荧光性黄绿色。

## 2.异常乳的种类

"异常乳"是一个与"常乳"相对应的概念。当乳牛受到饲养管理、疾病、气温以及其他各种因素的影响时,乳的成分和性质往往发生变化,而与常乳的性质有所不同,也不适于加工优质的产品,这种乳称作"异常乳"。异常乳的性质与常乳有所不同,但并无明显区别。国外将凡不适合饮用的乳(市乳)或不适合用作生产乳制品的乳都称作"异常乳"。

初乳、末乳、盐类不平衡乳、低成分乳、细菌污染乳、乳房炎乳、异物混入乳等都属于异常乳。具体可以分为 4 类。

①生理异常乳:营养不良乳、初乳、末乳。

②化学异常乳:酒精阳性乳、低成分乳、混入异物乳、风味异常乳。

③微生物污染乳。

④病理异常乳:乳房炎乳、其他病牛乳。

## 3.异常乳产生的原因和性质

### (1)生理异常乳

①营养不良乳:饲料不足、营养不良的乳牛所产的乳遇皱胃酶几乎不凝固,所以这种乳不能制造奶酪。

②初乳:乳牛分娩后最初 3~5 天所产的乳。初乳的脂肪、蛋白质,特别是乳清蛋白质含量高,乳糖含量低,灰分和维生素含量一般也较正常乳高。初乳中还含有大量抗体。

③末乳:泌乳期结束前 1 周所分泌的乳。泌乳末期,乳的 pH 达7.0,细菌数达 250 万/毫升,氯离子浓度为 0.16% 左右。这种乳不适于作为乳制品的原料乳。

### (2)化学异常乳

①酒精阳性乳:用 68% 或 70% 的中性酒精进行检验,凡产生絮

状凝块的乳称为"酒精阳性乳"。

• 高酸度酒精阳性乳：一般酸度在 24°T 以上。原因是乳中微生物大量繁殖，乳糖分解成乳酸，使乳酸度增高。

• 低酸度酒精阳性乳：一般酸度在 11～18°T。原因是应激反应、日粮营养不平衡、钙和磷不足或比例失调以及泌乳生理末期或疾病状态下产乳。

• 冷冻乳：受低温影响，鲜乳产生冻结现象，部分酪蛋白发生沉淀，同时酸度上升，产生酒精阳性乳。

②低成分乳：因饲养和操作不当，乳成分低于正常值。

③混入异物乳：指乳中混入不属于乳的物质的乳。

④风味异常乳：风味不正常的乳，异味主要是由机体转移或从空气中吸收而来，或是由酶作用而产生的脂肪分解出来的。

**(3)微生物污染乳** 由于挤乳前后的污染、不及时冷却乳，或器具的洗涤、杀菌不完全等原因，鲜乳被大量微生物污染，以致不能用作加工乳制品的原料。乳加工的每个过程都可能导致污染，污染源可能是乳房、牛体、空气、挤乳用具和乳桶等。

**(4)病理异常乳**

①乳房炎乳：由于外伤或者细菌感染使乳房发生炎症，发炎乳房分泌的乳，其成分和性质都发生了变化。

②其他病牛乳：主要是患口蹄疫、布氏杆菌病等疾病的乳牛所产的乳。

# 第九章

# 乳的卫生安全与贮藏运输

## 一、乳中的微生物与卫生安全

乳是一种优良的营养食品,同时也是微生物的培养基。乳在生产过程中很容易受到微生物的污染,从而对其食用安全带来风险,因而在乳的生产及乳制品的加工过程中,了解和控制乳中微生物的种类和生长非常重要。

### 1.乳中微生物的种类

乳中常见的微生物有细菌、酵母和霉菌等。根据微生物的种类和特性,可将微生物分为三大类:有益微生物、腐败微生物、病原微生物。

• 有益微生物是指能促进牛乳品质改善、有益于人体健康的一类微生物,包括发酵乳中使用的乳酸菌、干酪生产中使用的青霉菌等。

• 腐败微生物是指能引起牛乳腐败变质的微生物,例如低温菌、蛋白脂肪分解菌等。

• 病原微生物是指对人体健康有害的一类微生物,例如结核菌、伤寒菌、痢疾菌、布鲁氏杆菌等。

### 2.牛奶的生物学特性

刚从乳房挤下的牛奶几乎是没有受到细菌污染的,但微生物可从乳头管进入乳房并使之感染。这部分微生物数量少且没有危害,微生物数量约每毫升几千个。在体温36℃条件下,即使初期微生物数量很少,但是不久就会大量增殖。在卫生条件许可下生产的牛奶可以在15～20小时内保持较高的质量。

乳中含有一些抗菌物质,如乳烃素(拉克特宁,Lactenin)。抗菌物质在挤奶后初期能起到抑制微生物生长繁殖的作用,而且作用时间与温度有关,挤奶后将乳迅速冷却至低温,可使抗菌物质的抗菌特性保持较长时间。

### 3.牛奶冷却的重要性

奶源、乳制品厂和消费者之间的距离在变大,而挤奶和饮奶之间的时间间隔也在变长。时间间隔越长、贮藏温度越高,微生物滋生的可能性就越大。如果降低牛奶的储存温度,化学反应和微生物的生长就能够得到抑制,牛奶的变质就能够得到延缓。

一般来说,当温度低于10℃时,牛奶和奶制品中的细菌生长就可以被显著地抑制;而当温度低达3～4℃时,细菌的生长则几乎完全停止。但是,低温冻结贮藏会造成奶制品品质下降,因而牛奶不适宜低温冻结贮藏。

刚挤下的牛奶奶温约为36℃,此温度适合微生物的繁殖,故牛奶应立即冷却至4℃以下,并维持该温度,直至送到乳品厂。

### 4.牛奶卫生的重要性

牛奶最先在农场或农户家被挤下来,农场和农户的挤奶和保藏条件直接影响牛奶的质量。挤奶条件要尽可能符合卫生要求:人员、场地、设备卫生,挤奶系统的设计应能避免牛奶中进入空气;冷却设备要符合要求。采用隔热效果比较好的容器。在挤奶的同时将牛奶冷却到 2～4℃，可以将运送牛奶的允许时间延长到 2～3 天。如果牛奶已经受到比较严重的污染，即使降低温度也只能在一定程度上减缓微生物的增长速度。

# 二、乳的贮藏与运输

## 1.乳的冷却

刚挤出来的牛奶温度在 36℃左右，是微生物发育最适宜的温度。如果不及时冷却，落入奶中的微生物会大量繁殖，酸度迅速增高，不仅会降低奶的质量，而且会使奶凝固变质。所以，挤出后的牛奶应马上冷却到 4℃以下，并在此温度下进行保存，直接运到乳品厂。在小型牧场中，牛奶直接进入贮罐进行冷却，2 小时内温度即可降至 4℃；在大型牧场，牛奶先进入板式冷却器冷却至 4℃，然后泵入罐中，避免了把刚挤下的热牛奶与罐中已冷却的牛奶相混合；至于一般农户，可将装奶桶放在水池中，用冰水或冷水将刚挤下的鲜奶冷却，用水池冷却牛奶，可使奶的温度冷却到比冷却用水的温度高 3～4℃。在北方，由于地下水温低，即使在夏天也在 0℃以下，所以直接用地下水就可达到冷却的目的。在南方，为了使奶冷却到较低的温度，可在池水中加入冰块。挤下的牛奶应随时进行冷却，不要将所有的奶挤完后，才将奶桶浸在水池中。

## 2.乳的贮存

冷却后的牛奶应尽可能贮存在低温处，以防止奶温升高。贮存间应有清洗设备、消毒用具、管道系统及冷却槽。奶的贮存时间与冷却温度有关，如果在冷库内要存放 6～12 小时，库温应在 8℃以下；存放 24 小时以内，库温应在 5℃以下；存放 2～3 天，库温应在 1～3℃。所以，奶在冷却后，应在整个贮存时间内维持低温。在不影响质量的条件下,温度越低,贮存时间就越长。

### 3.乳的运输

乳的运输是乳品生产中重要的一环,必须注意下列几点:

①防止奶在途中温度升高。在夏季运输途中奶温往往会迅速升高,因此运输最好安排在清晨或晚上,并用隔热材料遮盖奶桶。

②保持清洁。运输时所用的容器必须保持清洁、卫生,用前应严格消毒,容器最好是用不锈钢、铝合金、镀钢或者白铁皮制成的,在运输时应加盖,防止奶跑漏或被污染。

③长距离运送牛奶时,最好采用奶槽车。奶槽车为不锈钢材质,车后部带有离心式奶泵,装卸方便、隔热效果良好。

# 第十章
## 乳制品加工技术

目前我国对乳品生产实行严格的准入制度。2010年9月，国务院办公厅发出《关于进一步加强乳品质量安全工作的通知》，由工信部、国家发展改革委、质检总局三部门牵头进行乳品行业项目（企业）审查清理及生产许可证重新审核工作。截至2011年3月31日，全国1176家乳制品企业共有643家通过了生产许可重新审核，这意味着45％的乳品企业没有通过生产许可审核。

国家实行严格审核，目的是为了加强乳品生产安全，提高乳品生产的规范性。但从生产角度讲，现代化乳品企业需要的生产资金和技术都是一般企业或个人难以达到的。下面介绍几种乳品加工工艺，由于其技术难度低、对设备技术要求不高，所以适合家庭和小规模生产。

### 1.酸奶的加工

**(1)工艺流程**  预处理、杀菌→冷却、加发酵剂→灌装、发酵→冷藏

**(2)工艺操作要点**

①预处理、杀菌。鲜乳用4层纱布过滤，然后脱脂或不脱脂，加热至60℃。奶粉先用水冲泡成复原乳（比例1∶7），再与60℃鲜乳混合，同时加入6％～9％（W/W）的白砂糖，溶解后过滤，再加热至85℃进行30分钟杀菌。

②冷却、加发酵剂。将杀过菌的乳移置冷却水中冷却。当温度降至 37～45℃时加入发酵剂，加入量为 5%（W/W）。发酵剂（可选用市售酸奶）加入之前要搅拌，与乳混匀后置于空气中活化半小时。

③灌装、发酵。灌装容器应无菌或经过严格消毒灭菌，玻璃瓶可洗净后在沸水中煮 5 分钟以灭菌。将接种好的乳快速灌装于无菌的 150～200 毫升的容器中。容器必须事先干热灭菌或保持无菌，灌装后马上封盖，移置 42～45℃的恒温箱中培养发酵，发酵时间在 2.5～3 小时。发酵好的酸奶呈凝固状、无乳清分离、pH 在 4.2～3.8，发酵结束后于 5℃以下贮藏。发酵完成的判定：酸奶表面有少量水痕；倾斜奶杯，奶变黏稠；酸奶的 pH 低于 4.6；滴定酸度高于 80°T。

发酵过程中的注意事项：发酵过程中应避免震动恒温箱，否则会影响酸奶的组织状态；温度要恒定，避免忽高忽低；掌握好发酵时间，防止酸度不够或过度。

④冷藏。发酵好的凝固酸奶，应立即移入 0～4℃的冷库中。在冷藏期间，酸奶酸度仍会有所上升，同时风味成分双乙酰含量会增加，因此酸奶发酵凝固后须在 0～4℃的冷库中贮藏 24 小时再出售。

## 2.奶皮子

### (1)加工工艺　全脂乳过滤→加热→保温→冷却→取出、干燥

### (2)工艺操作要点

①全脂乳过滤。以新鲜全脂乳为原料，乳脂含量越高越好。将新鲜全脂乳用 2～3 层纱布过滤，除去杂质。每锅加 7～8 斤乳。

②加热。将过滤后的牛乳放入锅内，边加热边搅拌，以免其焦糊，同时用勺子不断翻扬、搅拌。

③保温。当乳液表面产生大量的气泡后，停止搅拌，以文火保温。在保温过程中，乳液表面水分逐渐蒸发并形成皮膜。随着时间的增加，皮膜会不断增厚。刚开始在乳液面上形成的皮膜，主要成分为蛋白质，而后蛋白质含量逐渐减少，脂肪含量逐渐增多。在保温过

程中(保温时间为 4～6 小时),可在皮膜与锅边连接处用小刀划一小口或在皮膜上打一小孔,再注入一定的鲜奶,继续加热保温,这样可以得到更厚的奶皮。

④冷却。保温一段时间后,停止加热,将锅取下,在室温下自然冷却,这时乳脂肪继续上浮,但速度相对较慢。同时,在冷却过程中,已浮在表面上的脂肪层会逐渐固化、结晶,特别是一些高熔点的甘油三酯,在乳的表面形成一层厚厚的、较硬的皮膜,即为奶皮子。

⑤取出、干燥。奶皮子形成后,用小刀沿锅边将其划开,然后用筷子将其从锅中取出,以轻取不破裂为度,并沿中间线将圆形奶皮子对折,脂肪层向里。为了便于贮存,可将奶皮子置于阴凉干燥的地方再晾干 1～2 天。

## 第十一章
# 蛋品原料及鉴别

## 一、蛋品原料

蛋品原料有很多种,包括鸡蛋、鸭蛋、鹅蛋、鹌鹑蛋、鸵鸟蛋等。了解禽蛋的结构(图 11-1),有利于掌握其贮藏、加工的方法。

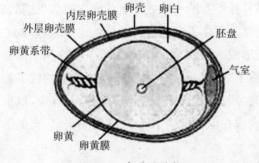

图 11-1　禽蛋的结构

### 1.蛋壳

蛋壳有包住和保护蛋白、蛋黄等蛋内容物的功能,其主要成分是碳酸钙。蛋壳可用作畜、禽的饲料。蛋壳外表面黏有一层含有蛋白质的蛋外壳膜,这是当蛋产出经过子宫时,由含蛋白的黏液黏挂于蛋壳干后而形成的薄膜,具有封闭蛋壳细孔、防止细菌等微生物侵入、保护或延长鲜蛋保存期的功能。

## 2.壳膜

壳膜是紧贴蛋壳内表面的白色半透明薄膜,分两层,有保护蛋壳内蛋白和蛋黄等蛋内容物的功能。

## 3.蛋白(又名蛋清)

蛋白分为浓稀不等的 4 层,由内至外依次为内浓蛋白、内稀蛋白、外浓蛋白、外稀蛋白。鲜蛋久存时,浓蛋白会逐渐变成稀蛋白。在正常孵化过程中,受精蛋发育成为初生雏。蛋白是形成初生雏完整机体的有机物质,是雏禽的生命之源。

## 4.蛋黄

蛋黄在浓蛋白之内,并以脂类为其主要成分,多为杏黄色的圆形物,依靠系带悬挂于蛋的中心处。蛋黄内含脂肪(油脂)较多,比重较蛋白轻,易上浮。禽体不断地进行新陈代谢,蛋黄以同心圆层的方式沉积,每昼夜形成一层深色的黄卵黄和一层浅色的白卵黄。家禽胚胎在发育过程中,依靠蛋黄囊血管吸收蛋黄中的营养物质。蛋黄囊和残留的蛋黄一起在雏禽出壳前两天被吸入腹中,以供出壳雏生长发育。因此禽雏在出壳后的 12～24 小时不采食,仍能生存。

## 5.系带

系带呈螺旋形,是由比浓蛋白还浓的蛋白构成,其作用是将蛋黄固定在浓蛋白上,保护其免受外界震动。

## 6.胚盘

胚盘位于蛋黄顶部,是母禽接受公禽交配或人工授精后,精子与卵子结合成的精卵胚胎,是禽雏的生命起点。

### 7. 气室

气室位于蛋的钝（大）端，用检蛋器能明显地观察到。当蛋从禽体产出时，由于禽体内外温差较大，蛋壳内的蛋白、蛋黄等稀软蛋内容物遇冷收缩，在蛋的大头处会形成一个空隙，即为气室。随着蛋存放时间的增加，蛋内蛋白水分的蒸发和其他蛋内容物，如蛋黄等的缩小，导致气室逐渐增大。因此，观察禽蛋气室大小是鉴别蛋的新鲜程度的一种既准确又简易、可行的方法。气室越小，蛋越新鲜，蛋品质越好。

# 二、蛋品原料的鉴别

严格鉴定蛋品原料的质量对鲜蛋的收购、包装、运输、保藏和蛋品加工都有着重要的意义。学会并熟练掌握蛋的品质鉴别方法，有助于分析各种蛋的质量特点及其形成原因，以利于在蛋品经营和加工过程中采取适当的处理措施。常用的蛋品原料的鉴定方法有感官鉴别法、光照鉴别法、比重鉴别法、荧光鉴别法等。有的地方还采用理化鉴定法和微生物测定法。

### 1. 感官鉴别法

感官鉴别法是我国基层业务人员收购鲜蛋时采用的一种较为普遍的简易方法。该方法主要靠经验来判断，采用看、听、摸、嗅等方法，从外观来检测蛋的质量。

"看"就是用眼睛来查看蛋壳颜色是否新鲜、清洁，有无破损和异状。鲜蛋的蛋壳比较粗糙，表面干净，附有一层无光带的霜状薄膜，无裂纹和硌窝现象；蛋壳上如有霉斑、霉块或像石灰样的粉末是霉蛋；蛋壳上有水珠或潮湿发滑的是出汗蛋；蛋壳上有红疤或黑疤的是贴皮蛋；壳色深浅不匀或有大理石花纹状的蛋是水湿蛋；蛋壳表面光滑、气孔很粗的是孵化蛋；蛋壳肮脏、色泽灰暗或散发臭味的是臭蛋。

"听"是从敲击蛋壳发出的声音来判断有无裂纹蛋、变质蛋以及蛋壳厚薄程度。方法是将两枚蛋拿在手里,用手指轻轻回旋相敲,或用手指甲在壳上轻轻敲击。新鲜蛋发出的声音坚实,似砖头碰击声;裂纹蛋发音沙哑,有"啪啪"声;空头蛋大头上有空洞声;钢壳蛋发音尖脆,有"叮叮"响声;贴皮蛋、臭蛋发音像敲击瓦片的声音;用指甲竖立在蛋上推击,有"吱吱"声的是雨淋蛋。

"摸"主要靠手感。新鲜蛋拿在手中有"沉"的压手感觉。孵化过的蛋,外壳发滑、分量轻。霉蛋和贴皮蛋外壳发涩。

"嗅",即闻蛋的气味。鲜鸡蛋无气味,鲜鸭蛋有轻微的鸭腥味;霉蛋有霉蒸味;臭蛋有臭味;有其他异味的是污染蛋。

## 2.光照鉴别法

光照鉴别法是鲜蛋收购、经营、外贸、商业部门和蛋品加工企业采用最广的一种方法。这一方法的特点是简单易行、结果准确。光照鉴别法按光源不同,可分为日光鉴别法、灯光鉴别法两种。灯光鉴别法又分为煤油灯光照和电灯光照两种。在有电灯的收购、加工网点可采用电灯光照法;在无电灯的边远乡镇,宜采用日光鉴别法或煤油灯光照法。光照鉴别法是根据蛋本身具有透光性的特点,在光下观察蛋内部结构和成分的特征,来鉴别蛋品质的方法。因此,人们借助光照可以鉴别蛋质量的鲜陈、优劣。新鲜蛋在光照透视时,蛋白完全透明,并呈淡橘红色,气室极小,深度在5毫米内,略微发暗,不移动;蛋黄浓厚澄清、无杂质,蛋黄膜包裹得紧,呈现朦胧暗影,蛋转动时,蛋黄亦随之转动,胚胎不易看出。通过照验,还可以看出蛋壳上有无裂纹,气室是否固定,蛋内有无血丝、血斑、肉斑、异物等。

(1)日光鉴别法 日光鉴别法主要是借助日光来鉴别蛋的品质。该方法由于条件不同,又分为两种方法。一种是在暗室内进行。在暗室朝向阳光的墙壁上开一个小窗,并在暗室内放置一块木板,木板上开有若干个面积小于蛋截面积的圆孔,圆孔周围装上橡皮或海绵衬圈。将蛋放在木板的圆孔之上,通过小窗射入的光线照验其品质。另一种是利用纸筒照蛋。用较厚的硬纸板做一个长 14～15 厘米的喇叭形纸筒,一头筒口直径不超过蛋的直径,另一头筒口直径以方便观察为宜。照蛋时,纸筒一头贴近肉眼,一头对准蛋,借由日光通过纸筒鉴别蛋品质的好坏。日光鉴别法易受日光强弱的影响,不常采用。

**(2)灯光鉴别法** 目前灯光鉴别法在我国被普遍采用。由于我国电力的普及,电灯光照鉴别法被采用得最多。电灯光照鉴别法具体照蛋方法有手工照蛋、机械传送照蛋及电子自动照蛋三种。

①手工照蛋。手工照蛋利用照蛋灯进行。灯罩用白铁皮制成,罩壁上有一个或多个照蛋孔,供一人或多人操作。照蛋孔的高度以对准灯光最强的部位为宜。操作方法是:先用左、右手各拿两只鲜蛋,一只蛋握在掌心,用小指或无名指按住;另一只蛋用拇指、食指和中指托住其下部,然后对准照蛋孔,由里向外旋转半圈,再倒转半圈,这样能看清蛋的内部物质。第一只蛋照完后,退至掌心,将另一只蛋交换上去照验。对好蛋还要边照边用手轻轻敲击,剔出肉眼所不易看出的裂纹蛋。检出的好蛋和次劣蛋按不同品类分别存放。

②机械传送照蛋。机械传送照蛋目前有两种形式:一种是用由电机传动的长条形输送带传送,在传送带的两侧装上照蛋的灯台。灯台设置多少,要视场地和操作人员的数量而定。每一灯台的间距为 1 米左右。由输送带将蛋运到每个照蛋者操作的位置上,照完后,将净蛋和各类次劣蛋移到输送带上,送到出口处,由司磅员过秤分送。另一种是联合照蛋机,集照蛋、装箱等一体化操作。其工艺流程大体是:上蛋→槽带输送→吸风除草→输送→人工照蛋→输送→下蛋斗→装箱→自动过秤。该方法是半机械化操作,即由工人将鲜蛋搬到上蛋部位,机械手便夹住蛋箱(篓),把蛋倒入槽带,槽带将蛋输送到风筒下面,风机将蛋从风筒中抽出,然后再输送到灯光照验部位,由人工剔出次劣蛋,剩下的好蛋被送入到蛋斗中。下蛋斗翻转

后,好蛋被装入蛋箱;也可用油泵、真空吸蛋器将蛋吸入蛋箱内,这比下蛋斗方法蛋破损少。蛋箱随着鲜蛋的增加自动下降,当重量达到定额时自动停止下降。将重箱取出换上空箱,磅秤自动复原,机器又开始运转,继续生产。

③电子自动照蛋。电子自动照蛋是利用光学原理,采用光电元件装置代替人的肉眼照蛋,以机械手代替人工手操作,以机器输送代替人力搬运,实现自动鉴别的科学方法。电子自动照蛋有两种方法:一种是应用光谱变化的原理来进行照验。蛋腐败时,氨气的增加会引起光谱的变化。在荧光灯照射下,鲜蛋发出深红、红或淡红的光线,而变质蛋发出紫青或淡紫的光线,可由此判别蛋的好坏。另一种方法是根据鲜蛋的透光度来进行照验。鲜蛋变质后,蛋黄位置、体积、形态以及色泽都会发生变化。光照时,它的透光度也与鲜蛋有差异,能被自动照蛋器识别出。因此,电子自动照蛋是根据不同的通光量来判别蛋的质量优劣。

### 3.比重鉴别法

比重鉴别法主要是用盐水来测定蛋的比重,根据蛋的比重大小来判别蛋新鲜程度的方法。蛋的分量重,则比重大,说明蛋的贮藏时间短、水分损失少,这样的蛋为新鲜蛋。贮藏时间长的蛋,蛋内水分蒸发多、气室扩大、分量减轻、比重较小。比重鉴别法是用不同比重的食盐水测定蛋的比重,推测蛋的新鲜度。如鸡蛋的平均比重为1.0845(比水重8.45%),大于这一比重的是新鲜的鸡蛋,小于这一比重的是陈蛋或坏蛋。有人用食盐配制成11%、10%、8%的食盐水溶液,使三种盐水的比重分别为1.080、1.073、1.060。鉴别时,将蛋投入比重为1.080的盐水溶液中,观察沉浮情况:下沉的蛋为最新鲜的蛋。然后将上浮的蛋移入比重为1.073的盐水溶液中,观察沉浮情况:下沉的蛋为一般新鲜的蛋。再将上浮的蛋投入比重为1.060的盐水中:此时下沉的蛋是不新鲜的蛋,悬浮的蛋是典型的陈旧蛋,漂浮在水面的蛋为臭蛋或严重变质蛋。采用比重法鉴别蛋的品质,其效率比手工验蛋要高。但盐水容易使蛋表面的保护膜脱落,影响其保藏性能。

# 第十二章
# 禽蛋的保鲜技术

## 一、禽蛋保鲜的原理

### 1.禽蛋保鲜的原理

禽蛋腐败变质的首要原因是微生物的污染、侵入、生长繁殖;其次是禽蛋生理变化和酶的作用,以及湿度、温度、蛋内 pH 等因素的变化和影响。因而,研究禽蛋贮藏方法的本质是:研究禽蛋中微生物的污染和侵入;研究微生物在禽蛋内生长繁殖的各种条件;研究酶类的作用和禽蛋生理变化;研究、控制理化因素的变化和影响。

### 2.禽蛋的贮藏原则

禽蛋的贮藏原则包括:

①贮藏要能防止微生物污染和侵入蛋内;

②贮藏要能使蛋内或蛋壳上微生物停止发育,或能杀灭蛋壳上的微生物,但对人体无害,对蛋的品质无影响;

③贮藏要能防止鲜蛋由于受热、胚盘发育和自身代谢等因素的影响而降低品质;

④贮藏要能保持蛋黄和蛋白原有性状,使贮藏后的蛋与新鲜蛋的性状基本一致;

⑤经过较长时间的贮藏,蛋内水分基本无损失,气室基本不增大,蛋重基本无变化;

⑥贮藏鲜蛋使用的药剂不得有毒,必须对人体无害,无异常气味,不改变鲜蛋的原有风味,且取材方便、价格低廉。放射线辐射贮藏所用的辐射剂量不得超标。

⑦不论采用何种方法贮藏的鲜蛋应符合品质和卫生要求。

# 二、禽蛋的冷藏

目前,国内外的禽蛋保鲜均以冷藏为主。冷藏法的基本原理是:利用低温抑制微生物生长繁殖及对禽蛋内容物的分解作用,并抑制蛋内酶的活力,延缓蛋内变化,尤其是延缓蛋白变稀,减小重量损耗,达到鲜蛋在较长时间内保持原有品质的目的。

## 1. 工艺流程

挑选整理→堆码→冷却→冷藏→出库升温

## 2. 操作要点

**(1)挑选整理** 冷藏的鲜蛋必须经过严格的挑选检查和分级,剔出霉蛋、散黄蛋、破壳蛋等次劣蛋,否则这些次劣蛋会污染其他鲜蛋。鲜蛋一般黏有垫草,草上可能带有大量的霉菌,所以除草和照蛋是蛋品冷藏的关键。过去一直是手工操作,生产效率低;现在通过机械可实现除草、照蛋、装箱一系列过程的自动作业。

鲜蛋一般采用木箱、竹篓和纸箱包装。包装材料必须坚固、干燥、清洁、无异味并不易吸潮。包装容器要内外通气,以便鲜蛋散热、降温,切不可密封。

**(2)堆码**

①堆码形式。

• 方格式:从立体上看,堆码呈方格形状,箱与箱的留缝要对正,以便空气畅通,码板可以隔 2 层垫 1 层。

• 棋盘式:多用于纸箱包装,箱与箱间的留缝要成纵向对正。层与层砌砖式地交错堆叠,可以减小纸箱垂直的承受压力。码板可以隔 3 层垫 1 层。

• 双品式:所谓双品式是指从两个方向看去,垛下部的两层均呈"品"字形。层与层间的纸箱是砌砖式地交错堆叠,码板可隔 3 层垫 1 层。箱与箱间的留缝要垂直方向对正。

②堆码要求。

• 码架规格。鲜蛋在冷藏间堆放,必须设置码架和垫板,蛋的热量才能较快散出,冷空气才易于透进,否则货垛的底层不透风,达不到均匀降温的目的。一般码架规格为:高 10 厘米、长 150 厘米、宽 100 厘米。每块码架为 1.5 米,由横(短)5 根、纵(长)9 根方木条组成纵横上下两层:上层 9 根纵木条,每根长 150 厘米、宽 7 厘米、高 2 厘米;下层 5 根横木条,每根长 100 厘米、宽 5 厘米、高 7 厘米。上层的木条之间与下层的木条之间的距离均相等。

• 堆码方位。堆码时应顺着冷空气流动的方向,并保证垛位稳固、操作方便和库房得到合理使用。

• 堆码距离。垛与墙壁的距离为 30 厘米,离冷风机要远一点,以防冷风机旁的蛋冻坏;垛与垛的间距为 25 厘米,箱与箱的间距为 3～5 厘米,垛与库柱的距离为 10～15 厘米;两个垛位的长不超过 8 米,宽不超过 2.5 米,高不超过冷风机风道出风口;垛与风道间均应留有一定的空隙,冷风机吸入口处要留有通道,相对垛间的间距最好能对开,以达到冷气循环流动的目的。

• 堆码量。堆垛时要考虑稳固性堆码量。一般木箱装蛋的堆码

高度为 8～10 层,竹筐装蛋的堆码高度为 5～7 层,其中每 3 层垫 1
层码板,以减轻下层竹筐承受的压力。装蛋的纸箱包括纸格箱和蛋
模箱两种。蛋模箱能使蛋互不挤压贴靠,减少互染的可能性。蛋模
还能使蛋的大头向上竖放,以减少蛋黄黏壳。纸箱当码至 2～3 层或
4～5 层时就应加固,垫一层码板,否则纸箱久储极易吸潮变形。堆
放高度不应超过风道喷风口。

· 堆码记录。要做好每个垛位的分垛挂牌和登记工作,以便于
检查鲜蛋质量,做到先进先出。

③堆码后的注意事项。为了防止在冷藏期间产生贴皮蛋等次
蛋,应注意按时翻箱和抽检。翻箱次数视蛋的情况而定,蛋白的黏度
越大,蛋黄的流动性越小,则需要的翻箱次数越少。在 -1.5～0℃ 的
冷藏条件下,要求每月翻箱 1 次,并做好记录;在 -2～-1.5℃ 的冷
藏条件下,因蛋白的黏度显著增加,蛋黄不易上浮而常居于蛋的中
心,为避免"搭壳"蛋,箱子不需经常翻动,一般隔 2～3 月翻箱 1 次,
或根据蛋的质量也可不翻。每隔 10～20 天应在每垛中抽检 2%～
3%,以鉴定蛋品质量,确定能否继续冷藏。

**(3)冷却**　冷却应在专用的冷却间进行,冷却间安装微风速冷风
机,以便使室内温度均匀一致,以加速降温。在冷却时,要求冷却温
度与蛋体温度相差不大。一般冷却间空气温度应较蛋体温度低
2～3℃,每隔 1～2 小时把冷却间温度降低 1℃,使相对湿度保持在
75%～85%,空气流速保持在 0.3～0.5 米/秒。一般经过 24～48 小
时、蛋体温度降至 1～3℃,即可停止冷风机降温,结束冷却工作,将蛋
转入冷藏间内冷藏。冷却也可在有冷风机的冷藏间内进行,要求鲜
蛋一批进库,然后逐步降温,达到温度后就可在库内冷藏,不必转库。
在挑选、整理鲜蛋过程中就降温冷却,然后再冷藏,蛋品质量也能得
到保证。

据研究,在母鸡下蛋后的 48 小时内,蛋品质量下降最快,因此将

刚下的蛋立即在 10℃左右温度下冷却 10 小时,然后再包装、运输并冷藏,效果最佳。

**(4)冷藏**

①库房要消毒,禽蛋按质专室储存。冷藏前必须对库房进行全面清扫,并用漂白粉或石灰消毒。冷库垫木等用具用热肥皂水进行清洗、消毒后晒干,以彻底消灭霉菌。冷藏室打干风换新鲜空气,将库内温度降至 −1～0℃、相对湿度保持在 80%～85%,这样有利于保证鲜蛋质量。

按质专室储存有利于延长蛋品的储藏期。专用冷藏室储满后不再进出蛋,以保持室内温度、湿度的稳定,这样鲜蛋储藏 8 个月后变质率仅 4%～5%;而非专室储存的鲜蛋 6 个月后变质率达 7.4%。

②管理责任明确,装卸要轻。冷藏室要有专职管理人员管理,做到管理工作有条不紊。储藏时,鲜蛋不应与其他有异味的食品,如葱、蒜、鱼类等一起堆放。鲜蛋可与含水分较少的苹果等水果并仓储藏,而不可与含水分多的橘子、梨等同放,以免鲜蛋因湿度过高而生霉变质。装卸时,要做到轻拿、轻放、轻装、轻卸,以减少蛋的破碎率。

③堆放要留缝,日夜不停风。鲜蛋在冷藏期间,冷藏温度以低于0℃为好,因蛋内容物接近冰点(约 −0.5℃,因地区、季节、品种不同而异,个别的可达 −10℃)时,蛋黄不易黏壳,变化缓慢,这样有利于保持蛋的品质。但温度过低会使蛋内容物冻结而膨胀,使蛋壳破裂。鲜蛋冷藏条件为:温度 −1.5～0℃、相对湿度 80%～85%,保藏期4～6个月;温度 −1.5～2.5℃、相对湿度 85%～90%,保藏期 6～8 个月。若需长期储藏,以后一种条件为好,但这种条件要求冷库绝热性能好,地坪应作防冻处理。

冷藏期间,库温应保持稳定均匀,不应忽高忽低,其波动范围在24 小时内应不超过 ±0.5℃,以免影响蛋品的质量。冷藏间温度高,打冷风;温度低,打干风。要保证 24 小时不停风。在整个冷藏过程中,每昼夜应不少于 2 次检查库内温度、湿度的变化情况。为防止库内不良气体影响蛋的品质,应按时换入新鲜的空气,排除污浊的气体。新鲜空气的换入量一般是每昼夜 2～4 个库室的容积。贮藏的蛋每隔 2 个月要检查 1 次,检查量应占总储量的 3%～4%,以了解贮藏质量,确定贮藏期。

**(5)出库升温** 冷藏的鲜蛋出库前必须进行升温,否则温差过大,蛋壳表面就会凝结一层水珠(俗称"出汗"),这将使蛋壳外膜被破坏,蛋壳气孔完全暴露,为微生物顺利进入蛋内创造有利条件。蛋壳着水后也很容易感染微生物,影响蛋的质量。

冷藏蛋的升温工作最好是在专设的升温间进行,也可以在冷藏间的走廊或冷库穿堂间进行。升温应在出库前 2～4 天开始,以便掌握足够的升温时间,避免升温太快造成蛋在库内就"出汗"。升温时应先将升温间温度降到比蛋温高 1～2℃,以后再每隔 2～3 小时将室温升高 1℃,切忌库温急剧上升。当蛋温比外界温度低 3～5℃时,升温工作即可结束。实验证明,将冷藏 6 个月的鲜蛋从 0℃冷库直接置于 27℃房间内,5 天后变质蛋占 13%;而经过升温处理,就不会出现变质现象。

# 三、禽蛋的其他保鲜方法

## 1.灰矾混合液贮蛋法

### (1)贮藏方法
①保鲜剂配制。石灰:配制溶液时,要用成块的石灰,不能用风化过的散石灰;石膏:要放在火中烧熟,压碎成细面,或直接采用熟石膏;明矾:要用医药级明矾。

②配制方法。每 1000 个鲜蛋用白矾 0.1 千克、石膏 0.15 千克、石灰 5 千克、清洁泉水或自来水 94 千克。将适量的白矾、石膏分别碾碎,筛成粉末,混合均匀。将大块石灰打碎、去渣,溶于 14 千克水中,经 12 小时溶解后,用剩下的 80 千克清水将石灰水隔筛冲滤到缸

内,除去渣滓。用棒搅动石灰水,边搅动边将白矾和石膏的混合物粉末倒入缸内,直至粉末全部溶解,待水中漩涡处冒出泡沫,品尝有涩味为止。10分钟后待混合液体自然澄清,即可贮蛋。

③禽蛋的选择。选择蛋质新鲜、蛋壳完好的禽蛋,忌用陈蛋和破蛋。挑选鲜蛋的具体方法如下:

• 光照选择。将一张黑纸卷成喇叭形的纸筒,右手拿蛋,左手拿筒,纸筒的小头对准禽蛋的大头,纸筒的大头对准眼睛,迎着阳光或灯光,右手移动禽蛋。若见禽蛋透亮、蛋黄呈圆球形,则属新鲜蛋;如见蛋黄偏大或散黄则属陈蛋;若见蛋内有霉点、血斑或黏壳现象,则属劣质蛋。

• 石灰溶液选择。取一盆配制好的石灰溶液,将禽蛋放入,若禽蛋平躺在底部则是鲜蛋;如小头触底、大头竖起,则属陈蛋;若见禽蛋浮上水面,则是劣质蛋。

④保鲜方法。

• 浸泡法。将配制好的保鲜溶液倒入缸或罐中,将挑选好的鲜蛋缓缓放在保鲜溶液里,保鲜溶液高出蛋面20厘米。水面慢慢结成一层薄壳,可以隔绝外界空气,起密封作用。贮满蛋的缸应放在空气流通而凉爽的房间内,防止日晒、雨淋。缸要盖上盖子,以防灰尘落入,但要留出通风空隙。每隔10天将蛋翻动1次,以防鸡蛋相互粘连。保鲜期间要经常检查缸内情况。如保鲜溶液澄清,在溶液表面有一层薄水膜,透过薄水膜能清晰地看见禽蛋,证明保鲜效果良好;若水面的薄壳凝结不牢,或闻到石灰气味,说明混合液变质,应再用25克的石膏、白矾溶解成液体倒进缸内,如果仍然不能改变上述情况,应及时把蛋捞出,重新配制混合液;若见保鲜溶液混浊,则是出现了破蛋,蛋清、蛋黄流进了保鲜溶液,保鲜效果受到了影响,此时要更换新的保鲜溶液,剔除全部破蛋。

• 干存法。干存法就是将挑选好的蛋经短期浸泡后,捞出来再干燥存放。实践证明蛋在保鲜溶液中浸泡一天,能延长保鲜期15

天。假若在夏末秋初之际开始保鲜蛋的话,经浸泡 10～15 天后,蛋能存放到元旦或春节也不会变质。将禽蛋浸泡后,捞出放在室内通风处,摆成单层晾一天,晾干表面水分,然后放在四周通风透气的容器中,如条筐、竹箱或网兜等。翻蛋的目的是为了防止蛋品黏壳,也有利于通风散热。第一次翻蛋间隔 5 天,第二次翻蛋间隔 10 天,第三次翻蛋间隔 15 天。天气渐凉时,翻蛋的次数应逐渐减少。照蛋的目的是为了检查保鲜效果,可在翻蛋时进行,其方法同光照选蛋法。见蛋白透亮,蛋黄成圆球形,则保鲜效果良好;若见散黄或黏壳现象,则证明此蛋原来就是陈蛋。长期浸泡的蛋品水分较大,煎炒食用为好,做蛋汤略差;干存的蛋品煎炒或打蛋汤均佳。

**(2)保鲜季节选择**　虽然在任何季节都可以保鲜蛋,但选好适宜的季节确是获得经济效益的前提。保鲜蛋的目的是为了获得经济效益,要做到时间短、周转快、省工时、低成本,最好选择在夏末秋初之际进行,因此时蛋品多,价格低。之后,天气渐凉,蛋价也开始回升。待冬季到来,蛋缺价高时,就能获得良好的经济效益。

## 2.石灰水贮蛋法

**(1)贮藏原理**　石灰水贮蛋法是将鲜蛋浸泡在液体内的一种保鲜方法。其原理是:禽蛋内呼出的二氧化碳与石灰水中的氢氧化钙作用,生成不溶性碳酸钙微粒,沉积在蛋壳表面,堵塞蛋壳上的气孔,阻止外界微生物侵入蛋内。同时由于气孔闭塞,蛋的呼吸作用减弱,蛋内二氧化碳增加,抑制微生物的生长繁殖和酶的活性,从而减少蛋内各成分的变化。

**(2)贮藏方法**　利用石灰水贮藏禽蛋时,应选用优质生石灰。按100 千克清水投 2.5～3 千克生石灰的比例配液,待生石灰充分溶解、澄清后滤去石灰渣,冷却后就可以将经过检验合格的鲜蛋轻轻地放入盛有石灰水溶液的容器内贮存,液面要高出蛋面 15～20 厘米。经过 2～3 天后,液面上会形成一层硬质薄膜,不必弄破,因为它有隔绝空气的作用。

贮存期间,溶液温度应保持在 $10\sim15℃$,要定期检查,发现石灰水溶液浑浊、有臭味,应及时处理。用石灰水溶液贮存鲜蛋,费用低、经济实惠、操作简便,而且效果也较好,一般可保鲜 $3\sim4$ 个月。

### 3.石蜡涂膜保鲜贮蛋法

**(1)贮藏原理** 石蜡涂膜保鲜法是将涂膜剂涂布在蛋壳表面,以形成一层薄膜,将蛋壳上的气孔堵塞,防止微生物侵入,减少蛋内水分的蒸发和二氧化碳的逸散,延缓蛋品质的变化,达到保持蛋的鲜度和降低干耗的目的。涂膜剂一般采用医用液体石蜡。液体石蜡毒性小,涂布效果明显。此外,还可用矿物油、植物油、聚乙烯醇等。

**(2)贮藏方法** 涂膜剂也称被覆剂。涂布的方法有浸渍法和喷雾法两种。使用时,将液体石蜡油倒入缸内,然后把预先经过检验合格、洗净、晾干的鲜蛋放入有孔的容器内,入缸浸渍数秒钟,取出沥干保存。涂膜法与冷藏法并用,效果会更好。

### 4.水玻璃溶液贮蛋法

**(1)贮藏原理** 水玻璃又名"泡花碱",化学名称为"硅酸钠"。水玻璃溶液通常为白色、黏稠、透明、无毒、无味的液体。鲜蛋浸入水玻璃溶液后,蛋壳上的气孔被堵塞,从而能够阻止微生物的侵入,抑制酶的活性,减少蛋内水分的蒸发和一氧化碳的排出,延缓蛋内的生化变化,从而达到保鲜目的。

**(2)贮藏方法** 贮蛋用的水玻璃溶液浓度通常为 $3\sim4$ 波美度。水玻璃溶液配好后,把经检验合格、洗净、晾干的鲜蛋轻轻地放入其中浸泡数秒钟,取出晾干,置于贮藏室内贮存。也可将鲜蛋浸泡在水玻璃溶液中保存。此法常温下可保存 $4\sim6$ 个月。

### 5.气调贮蛋法

气调贮蛋就是把鲜蛋贮存在含有 20％～30％二氧化碳气体的密闭环境中,以抑制微生物的繁殖,减弱鲜蛋的呼吸作用,减缓蛋内的生化变化,达到保持蛋品新鲜度的一种方法。如果用此种方法将蛋贮存在 0℃的冷库内,蛋的保鲜效果会更好。

第十三章

# 腌制蛋的加工

## 一、腌制蛋的加工技术

### 1.松花蛋

**(1)简介** 松花蛋因成品蛋清上有似松花样的花纹而得名,又因成品的蛋清似皮冻、有弹性而称"皮蛋"。松花蛋切开后,可见蛋黄呈不同的多色状,故又称"彩蛋"。此外,松花蛋还有"泥蛋"、"碱蛋"、"便蛋"以及"变蛋"之称。松花蛋见图13-1。

图13-1 松花蛋

根据蛋黄组织状态,松花蛋分为溏心皮蛋(即京彩蛋)和硬心皮蛋(即湖彩蛋)两大类。两者区别是:

①外观:溏心皮蛋包泥疏松、色浅、易剥落;硬心皮蛋包泥紧实、色深、不易剥落。

②口味：溏心皮蛋不带辛辣味，食后回香味较短；硬心皮蛋稍带辛辣味，略咸，食后回香味较长。

③成分：溏心皮蛋碱度低，pH<8，含盐<1%，含铅<3毫克/千克；硬心皮蛋碱度较高，pH<15，含盐<1.5%，不含铅。

**(2)松花蛋的安全性** 传统工艺生产的松花蛋由于含有对人体有害的铅，即使摄入量甚微，也易引起中毒等现象的发生。加之传统松花蛋的加工繁琐，而且加工场所的卫生条件差，产品难以符合食品卫生要求。为切实保障松花蛋的质量安全，宜以硫酸铜、硫酸锌替代氧化铝，生产松花蛋。

**(3)制作原理** 松花蛋加工成熟的过程，即是氢氧化钠向蛋内渗透、蛋白质遇碱而发生变性凝固的过程。

加工中所使用的生石灰和纯碱在水中可生成强碱氢氧化钠。如果不用生石灰和纯碱，直接用烧碱则更好。当蛋白和蛋黄遇到一定浓度的氢氧化钠后，会因蛋白质分子结构受到破坏而变性。蛋白部分因蛋白质变性后，会变成具有弹性的凝胶体；蛋黄部分则因蛋白质变性和脂肪皂化反应会变成凝固体。

加工时，若氢氧化钠浓度过高，已经凝固的蛋白质会重新水解而液化，使蛋黄变硬，同时碱味加重；若氢氧化钠浓度过低，将不利于蛋白的凝固，产品较软，成熟时间长。一般应将料液中氢氧化钠的浓度控制为4.5%～5.5%。

鸡皮蛋的加工方法、原理与鸭皮蛋相同，但鸡蛋中水分含量较鸭蛋高，蛋壳上的气孔小，故加工鸡皮蛋料液中的氢氧化钠浓度应比加工鸭皮蛋的高，用碱量要多些。

**(4)配料的作用** 在松花蛋的加工过程中，各种材料的主要作用如下：

①食盐能调节松花蛋的滋味，去除腥味，加快蛋的化清（盐溶作用），且能利于蛋清凝固（盐析作用），抑制蛋内微生物活动，利于蛋离壳。

②硫酸铜能促进氢氧化钠渗入蛋内,使蛋白质分子结构解体,加速松花蛋凝固成熟。

③硫酸锌具有和硫酸铜类似的作用。

④烧碱通过蛋壳渗入蛋内,使蛋白质变性,分子结构解体,最后使蛋白变成胶凝状(凝固)。

⑤茶叶可促进松花蛋颜色变深,调节松花蛋的风味。

## 2.咸蛋

**(1)概述** 咸蛋又称"腌蛋"、"盐蛋"、"味蛋"。咸蛋是指鸭蛋经腌制而成的再制蛋。品质优良的咸鸭蛋具有"鲜、细、松、沙、油"五大特点。煮(蒸)熟后的咸蛋切开断面,黄白分明、质地细嫩;蛋黄细沙状、呈朱红(或橙黄)色、起油、周围有露水状油珠、中间无硬心、味道鲜美。咸鸭蛋见图 13-2。

图 13-2 咸鸭蛋

咸蛋按加工方法可分为捏灰咸蛋、灰浆咸蛋、灰浆滚灰咸蛋、泥浆咸蛋、泥浆滚灰咸蛋和盐水咸蛋等。

**(2)咸蛋的腌制原理** 咸蛋的腌制过程就是食盐通过蛋壳及蛋壳膜向蛋内进行渗透和扩散的过程。

首先用含有食盐的泥料或食盐水溶液涂抹在鸭蛋的外壳,这时蛋内和蛋外会因食盐浓度不同而产生渗透压。蛋外食盐溶液的浓度大,因而会产生渗透压,将溶液里的食盐通过蛋壳、蛋壳膜和蛋黄膜渗入蛋内。而蛋内的水分通过渗透,不断地被脱出,向外渗入泥料或食盐水溶液中。

蛋腌制成熟时,即蛋液里所含的食盐浓度与泥料或食盐水溶液中的食盐浓度基本相近时,渗透和扩散作用即停止。

**(3)蛋在腌制过程中有关因素的控制**

①食盐水溶液的浓度。蛋在腌制时,食盐水溶液浓度愈大,食盐向蛋内渗入的速度愈快,蛋成熟亦愈快。腌制时,食盐的用量要根据腌制目的、环境、腌制方法和消费者口味进行调整。

②腌制方法。用盐泥或灰料腌制,食盐渗入蛋内速度较慢;用食盐水溶液浸渍,食盐渗入蛋内速度较快,可缩短腌制时间;用循环盐水浸渍,食盐渗入蛋内速度更快。

③腌制期的温度。温度愈高,食盐向蛋内渗透的速度愈快。但必须谨慎选用适宜的腌制温度,因为温度愈高,微生物生长活动也就愈迅速,愈易使蛋变质。因此,咸蛋的腌制和贮存一般都在 25℃ 以下进行。

④蛋内脂肪的含量。脂肪对食盐的渗透有相当大的阻力,所以含脂肪多的蛋黄,食盐的渗入就少;脂肪含量甚微的蛋白,食盐的渗入则又多又快。

⑤原料蛋的新鲜度。新鲜鸭蛋,蛋白浓稠,食盐渗透和扩散缓慢,咸蛋成熟也较慢;反之,质量差的鸭蛋,蛋白稀薄,食盐渗透和扩散较快,咸蛋成熟也较快。

**(4)原料蛋和辅料的选择**

①原料蛋选择。加工咸蛋要用鲜鸭蛋。加工前必须对原料进行感官鉴定、灯光透视、敲蛋和分级等。要选择蛋壳完整、蛋白浓厚、蛋黄位居中心的鲜鸭蛋作为原料,要严格剔出破壳蛋等次劣蛋。

②辅料的选择。

• 食盐:用于腌制咸蛋的食盐,其感官指标是:色白、味咸、无杂物、无苦味和涩味、无臭味。理化指标是:氯化钠的含量在 96% 以上。

• 黄泥。选用的深层黄泥须无异味、无杂土。含腐殖质较多的黄泥不可用,因为容易在加工时发臭。

• 草灰。草灰主要是用来和食盐调成料泥或灰料,其中的食盐能够长期、均匀地向蛋内渗透,同时可有效阻止微生物向蛋内侵入,防止环境温度变化对蛋内容物的不利影响。除此之外,草灰还能明显减少咸蛋的破损,便于咸蛋贮藏、运输。选用的草灰要求纯净、均匀。

• 水。加工咸蛋用的水须用干净的清水。如有条件,最好用冷开水,以保证蛋品的质量。

### 3. 糟蛋

**(1)概述** 用糯米饭作培养基,用酒曲作菌种酿制而成的物质称"糟",再用此糟来糟制鲜鸭蛋而制成的蛋制品为"糟蛋"。糟蛋根据成品外形可分为软壳糟蛋和硬壳糟蛋。软壳糟蛋蛋壳脱落,仅有壳下膜包住,似软壳蛋;硬壳糟蛋成品仍有蛋壳包住。

**(2)糟蛋加工的原理** 糯米在酿制过程中,由于糖化菌的作用,其中的淀粉被分解成糖类,糖再经酒精发酵而产生醇类(主要是乙醇)。优质糯米含淀粉多,产生醇量大,一部分醇氧化成乙酸。酸、醇能使蛋白和蛋黄变性、凝固,从而使蛋白变为乳白色的胶冻状,蛋黄变成半凝固的橘红色。糟中的醇与酸作用产生酯,所以产品有芳香味。糟中醇和糖由壳下膜渗入蛋内,故成品有酒香味及微甜味。蛋在糟制过程中受乙酸作用,蛋壳中的碳酸钙溶解,蛋壳变软,故成品糟蛋似软壳蛋。食盐渗入蛋内,可使蛋内容物脱水,并促使蛋白质凝固,同时还有调味作用。糟中含乙醇15%,可杀死蛋中微生物,因此,糟蛋可以生食。

**(3)原料蛋及辅料的选择**

①原料蛋。所用原料蛋应是经感观鉴定和光照检查合格的蛋形正常、大小均匀、蛋壳完整的新鲜鸭蛋。

②糯米。米粒大小均匀、洁白,含淀粉多,含脂肪及蛋白质少,无异味。

③酒药。又名"酒曲",是酿酒用的菌种。这种菌种是经多年纯化培养而成的,主要含毛霉、根霉、酵母及其他菌种。菌种能分解碳水化合物,还能产生水果香气,具有分解蛋白质的能力。

• 绍酒药:将糯米粉、辣蓼粉和芦黍粉混合,再用辣蓼汁调制而成的一种发酵剂。

• 甜药:面粉或米粉等混合制成的发酵剂。

• 糠药:芦黍粉、辣蓼草粉、一丈红粉混合制成的发酵剂。糠药制成的糟味略甜,酒性温和,性能处于绍药和甜药之间。

④食盐。应采用符合卫生标准的洁白、纯净盐。

⑤水。应用无色、无味、透明的洁净水,pH 近于中性,未检出硝酸盐、氨、氮及大肠杆菌等。

⑥红砂糖。选择总糖分(蔗糖和还原糖)不低于 89%、颜色为赤褐色或黄褐色的产品。

# 二、腌制蛋的加工

## 1.松花鸭蛋

(1)**工艺流程**　腌制液的配制→鸭蛋的选择→装缸与灌汤→成品出缸→成品检验→保质贮存

(2)**工艺操作要点**

①腌制液的配制。

• 配料。食盐 2.5 千克、硫酸铜 0.15 千克、硫酸锌 0.1 千克、烧碱 2.75 千克、茶叶 0.75 千克、水 50 克。

• 操作方法。各种材料添加次序是:水→盐→硫酸铜、硫酸锌→烧碱→茶叶→生石灰。投料方法是:先用细筛筛去硫酸铜、硫酸锌大的颗粒,然后用水进行充分溶解。(硫酸铜、硫酸锌的添加要在碱的前面,因先加碱会造成部分铜与碱产生氢氧化钠沉淀,引起铜的流失。)配制腌制液应注意搅拌,一边下料一边搅拌,特别在加盐、加碱、加茶叶时和使用前更应充分搅拌,让料充分溶解。配好的腌制液一般放置 24 小时左右。因烧碱易挥发,存放的时间过长,会造成碱流失;相反,存放时间过短,烧碱溶解不充分,会造成溶液中酸碱度不平衡。

②鸭蛋的选择。加工松花蛋的原料蛋必须选用品质优良的鲜鸭蛋,因为鸭蛋的新鲜程度是决定松花蛋品质的一个重要因素。为此,在加工前须对加工的鲜蛋进行感观鉴定,通过照蛋、敲蛋,剔除次品蛋,同时在验蛋的过程中将蛋按质量优劣进行分级。

③装缸与灌汤。装缸之前,先在缸的底部倒入 15~20 厘米深的料液,以防蛋品被缸底碰破。然后把挑选合格的鲜鸭蛋轻轻放入缸内,一层一层地平放,距缸口 6~10 厘米时,盖上多眼塑料网片,再用木条压牢,以免灌汤后鸭蛋漂浮起来。最后把配制好的腌制液慢慢注入腌制缸内,直至鸭蛋全部被料液淹没为止。腌制时间根据季节和温度而定,一般为 20~45 天。冬季气温较低,需适当加温至 25℃ 左右,以促进蛋品及早成熟。

④成品出缸。鲜鸭蛋经 20~45 天腌制成熟,变成优质的无铅松花蛋后,即可出缸上市。

⑤成品检验。成熟的松花蛋出缸后,要进行检验。一般的检验方法为一看、二掂、三摇、四照。一看是指观看蛋壳是否完整,壳色是否正常,外壳是否干净;二掂是指取一只松花蛋置于手心,向上轻轻地抛两三次,试试内容物有无弹性,若掂到手里有弹性和沉甸甸的感觉者为优质松花蛋;三摇是指用手捏住松花蛋的两端,在耳边上下左右摇动两三次,听其有无水响声或撞击声,以此判断蛋的质量;四照是指通过上述三种方法难以判别成品蛋的质量优劣时,可以采用光照进行鉴定。

⑥保质贮存。已出缸的松花蛋经过晾干、检验后,即可进行保质

贮存。将每只正品松花蛋用专用塑料薄膜包裹起来,存放到蛋缸或塑料蛋箱内封闭贮存。

## 2.松花鸡蛋

### (1)原辅料

①原料。原料鸡蛋必须是新鲜蛋,以5～10天内产的蛋最好。要求蛋的大小基本一致,蛋壳颜色均匀、蛋洁净、无污染、无裂纹,不同品种的蛋勿混在一起。由市场购买的鲜蛋最好用照蛋器照验,以把不新鲜的蛋剔去。

②辅料。

• 纯碱。俗称"食碱"、"苏打粉",为干燥的白色粉末。如果呈淡黄色或吸湿结块,则效力减弱,不宜采用。

• 石灰。只能采用生石灰。它的主要成分是氧化钙,要求纯净、洁白、干燥、体轻。

• 食盐。以海盐、湖盐、井盐为好,精制含碘盐也可使用,通常用市售精制食盐。

• 草木灰。通常以柏枝灰、桑枝灰、桐壳灰、棉壳灰、豆秆豆叶灰为好。不论哪种草木灰都要求新鲜、干燥、粒细,用前需过细筛。

• 茶叶。通常用红茶末。

• 黄土。要挖取耕作层以下的生土,以黏性强者为好,晒干、压碎、过筛去杂。

• 糠类。常用的有稻壳、麦壳、锯末等,要新鲜、干净、无霉、干燥,用前过筛。

• 调料。为了增加风味,调料可用花椒、八角、桂皮、茴香、陈皮、生姜等按要求配制。

• 水。采用生活饮用水,用时要烧开。

• 配方。加工松花蛋的辅料配方很多,主要依据蛋的种类、工艺、季节变化和风味要求而异。100枚鸡蛋加工成松花蛋所需的辅料见表 13-1。

**表 13-1　100 枚鸡蛋加工成松花蛋所需辅料**　　（单位：克）

| 方法 | 开水 | 纯碱 | 生石灰 | 食盐 | 草木灰 | 茶叶 | 温度及成熟期 |
|------|------|------|--------|------|--------|------|--------------|
| 浸泡法 | 5000 | 450 | 1500 | 200 | 750 | 100 | 10～15℃,18～23 天 |
| | 5000 | 480 | 1300 | 200 | 30 | 100 | 春秋季:21～27 天 |
| 生包法 | 2200 | 400 | 1200 | 200 | 630 | 80 | 15～25℃,15～20 天 |
| | 1750 | 250 | 600 | 150 | 450 | 60 | 15～22℃,19～27 天 |

**(2)加工工艺**

①浸泡法。检查原辅料→熬料→装蛋→灌料→管理→出缸→包泥滚糠→贮存

②生包法。辅料配制→包料与滚糠→装缸（坛）→检验与出缸→贮存

**(3)操作要点(浸泡法)**

①检查原辅料。选用优质新鲜的原辅料用于加工。辅料应符合使用标准。

②熬料。按配方要求分别称取辅料。用铁锅加水，先把红茶末和调料熬成汁液，用铁筛过滤，除去残渣，再将碱、盐放入，用木棒或竹棍搅匀，然后趁热将配好的汁液冲入盛有石灰的容器内。注意要分数次缓缓冲入，待石灰完全被激化后才可用木棒搅拌。把不能溶化的石块和石灰渣用铁漏勺捞出，按量补充石灰，充分搅拌，完全溶化并冷却至室温后待用。

③装蛋。容器可用下面有漏斗的瓷缸或瓷坛，量大时可用水泥池。容器底部先铺一层 5～10 厘米厚的干麦草，然后一层层地把鸡蛋摆进去。鸡蛋应横放摆平，不留空隙。装至离口 5～10 厘米时，用竹箅盖上，并压以石块，以防灌料后鸡蛋漂浮起来。

④灌料。配好的料液凉至 15～20℃时才能灌料。灌料需先将料液搅拌均匀，徐徐倒入装有鸡蛋的容器内，严防过快、过猛。灌料后

及时用塑料布把容器口扎紧封严。

⑤管理。一要把室温调节到 19～25℃,且冬季蛋不能离火源太近;二是不能随意搬动,特别是灌料后的头两三天不要搬动;三是要及时抽样检验,观察上色、凝固情况,特别是接近成熟的前 3～5 天一定要分次检验,以确定出缸时间。

⑥出缸。经检验成熟则要立即出缸。如果容器下部有出水漏斗,可拔掉漏斗塞,使浸液流入另一容器内。腌制好的鸡蛋用冷开水冲洗后放在竹筐内晾干。如果容器下部没有出水口,可自制一个带把的铁圈,小心地把蛋捞出,冲洗后晾干。

⑦包泥滚糠。取经过冲洗、晾干的腌制蛋一枚,放在手心上轻轻地向上抛丢两三次。若手心感到蛋有弹性,并有沉甸甸的感觉,则为成熟较好的蛋。经检查合格的蛋要立即进行包泥滚糠。所用的泥是由干黄土(60%～70%)和出缸的残液(30%～40%)调和而成的稠糊状料泥。料泥的稠度以蛋放在料泥上能浮起为宜。包泥时,可采用带把的铁圈逐个鸡蛋涂泥,泥厚 2～3 毫米。涂泥后,将蛋立即放入糠盘内滚动一下,使表面都能均匀地粘上粗糠,然后再逐个摆在另一个盘内。

⑧贮存。加工好的松花蛋平放在缸(坛)内,封口贮存,室温最好在 8～20℃,一般可贮存 10 个月左右。

**(4)操作要点(生包法)**

①辅料配制。首先将称好的石灰、纯碱、食盐、草木灰分别粉碎过筛,混在一起,搅拌均匀,装入塑料袋并放入瓷坛内,封口回性 12～24 小时;再将茶叶、调料装入纱布袋内,扎紧袋口,放入水中熬煮10～15分钟,取出纱袋,晾凉;最后将回性后的粉料倒入已放凉的茶叶调料液中,充分搅拌,合成料泥,稠度以能均匀地涂黏到蛋壳上为宜。

②包料与滚糠。用手包料时要带上乳胶手套。手心先放粗糠,再用铲刀取料泥,料泥用量为蛋重的 60%～65%,用两手将料泥在蛋表面包裹均匀,外面黏上粗糠。也可将蛋逐个放入料泥内,用铁圈操

作黏料泥,再滚糠。滚糠后的蛋平摆在盘内。

③装缸(坛)。缸底铺一层干麦草,将涂(包)过料泥的蛋逐个、小心地平放在缸(坛)内,用塑料布封口,放在15～25℃的室内,前3～5天不要搬动。

④检验与出缸。临成熟前2～3天要抽样检验,成熟后要及时出缸稍晾一下,一周后方可食用。

⑤贮存。可以盒装、袋装,也可用竹筐装。

## 3.松花鹌鹑蛋

**(1)原辅料**

①原料。市售的鲜鹌鹑蛋。

②辅料。新鲜碎红茶、氢氧化钠、氯化锌、市售精盐、食用包装白蜡。

**(2)工艺流程**　原料蛋处理→浸液配制→装罐浸泡→抽样检查→出堆涂膜

**(3)操作要点**

①原料蛋处理。通过照蛋、敲蛋,剔除不适宜加工的异形、有裂纹、散黄、陈腐、有异味的蛋,合格的蛋用凉开水洗净,晾干备用。

②浸液配制。将碎红茶加入水中熬煮,沸腾15分钟,倒入加有氢氧化钠、食盐、氯化锌的罐中,不断搅拌,使其完全溶解,配制成含氢氧化钠4.6%～5.8%、食盐2.5%、碎红茶2.0%、氯化锌0.3%的溶液,冷却至室温备用。

③装罐浸泡。将检验合格的蛋逐个放入罐中,压上竹片,防止蛋上浮,然后用塑料膜密封。

④抽样检查。腌制期间,应保持室温在20～30℃,每隔3～5天进行抽样检查,观察蛋清、蛋黄凝固情况。当蛋清完全凝固,具有良好的弹性,为茶色或茶褐色,透明或半透明;蛋黄凝固层厚3～4毫米,呈黑绿或黄绿色,切开后有五彩色层,蛋黄中有溏心时即成熟。

⑤出堆涂膜。将成熟蛋及时出罐,用凉开水清洗干净,晾干,再用食用蜡涂膜贮藏。

## 4.咸蛋

**(1)盐泥涂抹法**　该法是用食盐和黄泥加水调成泥浆(料泥),用以腌制咸蛋的一种方法,该法目前使用得最为广泛。

①配料。配料标准为:鲜鸭蛋 1000 枚、食盐 6～7 千克、黄泥 6.5 千克、清水 4～4.5 千克。

②操作要点。食盐加水溶解,再倒入黄泥,待黄泥充分吸水后反复搅拌,调成糨糊状料泥,浓稠程度以鲜鸭蛋放入呈半浮半沉状态为宜。鲜鸭蛋放入调好的泥浆中缓慢转动,待蛋表面黏满盐泥后,取出放入腌制容器内,密封贮存,夏季 30 天、春秋季 40 天、冬季 60 天,即可腌成盐蛋。

**(2)草灰法**

①配料。鲜鸭蛋 1000 枚、食盐 3.75～6 千克、草灰 15～20 千克、清水 12.5～18 千克。

②操作要点。草灰法加工咸蛋主要包括制备灰料、提浆裹灰和密封腌制 3 个过程。

• 制备灰料又叫"打浆"。先把食盐溶解在清水中,加入部分草灰搅拌片刻,再逐渐加入剩余的草灰,继续充分搅拌,使灰料成为粗细均匀、稀稠适度的灰浆。具体标准是:将手放入灰浆内,取出后皮肤发黑发亮,灰料不流、不起水、不起块、不成团下坠、放入盛料盘内不起泡。打好的灰浆放置至次日待用。

• 提浆裹灰是原料蛋的上料过程。先将已挑好的蛋放入经静置搅熟的灰浆内翻转,使蛋壳表面均匀地黏上 2 毫米厚的灰浆,随即在干草灰中滚动,使湿灰料表面裹上约 2 毫米厚的干草灰,再用手把蛋上的灰料包紧搓匀,使之厚薄一致。

• 密封腌制:夏季约 40 天,春、秋季约 60 天,冬季则需 70 天以上。

**(3)盐水浸渍法**

①配料。清水 10 千克、食盐 1.5～2 千克。

②操作要点。将洗净的鲜蛋放入缸中,每 10 千克水用食盐 1.5～ 2 千克,开水冲化放凉后倒入缸中。盐水应高于蛋面 10～20 厘米, 20～30 天即成咸蛋。用过的盐水还可再用。

### 5.糟蛋

**(1)原辅料**

①鸭蛋的选择。原料蛋的好坏是决定糟蛋品质的一个重要因 素。对原料蛋必须进行逐个挑选,要求原料蛋表面洁净、新鲜、无异 味,蛋壳密度一致。照蛋时,整个蛋的内容物须呈均匀一致的微红 色,胚胎无发育现象。

②辅料的选择。

• 糯米。糯米是酿糟的原料。要求米粒丰满、整齐、无异味、杂质 少、淀粉多。凡是脂肪和氮化合物含量高的糯米,酿出的酒糟质量差。

• 酒药。又叫"酒曲",是酿糟的菌种,起发酵和糖化作用,可用 白药和甜药混合使用。白药酒力强而味辣,甜药酒力弱而味甜。在 酿糟的过程中两者按一定的比例混合使用,可以起到互补的作用。

• 食盐。用于加工糟蛋的食盐应洁白、纯净、符合卫生标准。

• 水。选用的水应无色透明、无味、无臭,必须符合饮用水的卫 生标准。

• 红砂糖。红砂糖起增色、增味的作用。选用的红砂糖应符合 食糖卫生标准。

**(2)工艺流程** 酿酒制糟→选蛋→装坛糟制→后期管理

**(3)工艺操作要点**

①酿酒制糟。

• 浸米。糯米是酿酒制糟的原料,应按原料的要求精选。先把 糯米淘净,放入缸内加冷水浸泡,目的是使糯米吸水膨胀,便于蒸煮糊化。浸泡时间：气温 12℃浸泡 24 小时，气温每上升 2℃，可减少浸泡 1 小时；气温每下降 2℃，需增加浸泡 1 小时。

•蒸饭。目的是促进淀粉糊化。在蒸饭前，先将锅内的水烧开，再将蒸饭桶放在蒸板上，把浸好的糯米从缸中捞出，用冷水冲洗一次，倒入蒸桶内。米面铺平加热，待蒸气透过糯米上升后，再用木盖盖好，蒸 10 分钟左右，再将木盖拉开，用洗帚蘸热水散泼在米饭上，使上层米饭蒸涨均匀，防止出现僵饭。再将木盖盖好蒸 15 分钟后，揭开锅盖，用木棒将米饭搅拌一次。再蒸 5～10 分钟使米饭全部熟透，要求饭粒松、无白心、透而不烂、熟而不黏。

•淋饭。目的是使米饭迅速冷却，便于接种。将蒸桶放于淋饭架上，用冷水浇淋，使饭冷却，以降温至 28～30℃，手摸不烫为宜。

•拌酒药及酿糟。淋水后的饭，沥去水分，倒入缸中，撒上预先研成细末的酒药。酒药用量可根据气温而定，种类可根据加工方法而定。如果加白药和甜药酿制的酒糟，在装坛时不用白酒；只加甜药，糟制时还要加白酒。将酒药与米饭混合均匀，表面拍平、拍紧，再撒一层酒药，中间挖一个中空的上大下小的坑。为了保温，缸体用草席包裹，缸口用干净的草帘盖好，经 20～30 小时温度达到 35℃，就可出酒酿。当缸内酒酿达 3～4 厘米深时要撑起缸口的草帘以降温，防止酒糟热伤，产生苦味。待酒酿满缸时，用勺将缸内的酒酿泼在糟面上，使糟充分酿制。几天后，把糟与酒酿混合均匀、装坛成熟。再过半月左右可酿制糟蛋。

②选蛋。

•选蛋。通过感官鉴定和照蛋，剔除次劣蛋和小蛋，并将蛋按大小初步分级。

•洗蛋。糟制前 1～2 天，先除去蛋壳上的污物，再用清水漂洗，后放于草帘上通风阴干。

•击蛋破壳。击蛋破壳是保证糟蛋软壳的主要措施，其目的在于在糟制过程中，使醇、酸、糖等物质易渗入蛋内，使蛋提早成熟，蛋壳易于脱落。击蛋时将蛋放在一只手掌上,另一只手拿竹片,对准蛋的纵侧,轻敲一击使蛋壳产生纵向裂纹,然后敲击另一侧,使裂纹延伸,连成一线,但要注意内蛋壳膜不能破损。

③装坛糟制。

• 蒸坛。蒸坛的目的是检查盛装糟蛋的坛子是否有破漏,并对坛子进行消毒。消毒时,将坛底朝上,涂上石灰水,置于带孔眼的木板蒸锅上,加热进行熏蒸,以达到杀菌的目的。若坛底有起泡或蒸气透出,即是漏坛,不能使用。待坛底石灰水蒸干时,消毒即完成。

• 配料。以用甜糟为例,100 枚鸭蛋所需配料如下:甜糟 5 千克,65 度白酒 0.8 千克,红砂糖 0.8 千克,陈皮、八角、花椒各 20 克,食盐1 千克。

• 装坛。以上配料混合后(除香辛料外),将料量的 1/4 铺于坛底,将击过壳的蛋 30 枚大头向上,竖立在糟里。第二层 40 枚,第三层 30 枚,以同样的方法摆好,用糟铺平。最后用塑料布密封坛口,在室温下存放。

④后期管理。

• 翻坛去壳。在室温下糟制 3 个月左右,将蛋翻出,逐枚剥去蛋壳,不要将内蛋壳膜剥破,这时的蛋已成为无壳的软壳蛋。

• 白酒浸泡。将剥了壳的蛋,用高度白酒浸泡 1～2 天。以蛋白和蛋黄全部凝固、不再流动,蛋壳膜稍膨胀而不破裂为合格品。

• 加料装坛。将蛋从白酒中取出,用原有的酒糟和配料再加上一定量的红砂糖和配料中的香辛料混合,一层料糟一层蛋,按原来的装坛方法重新装坛,密封后保存于干燥、荫凉的地方。

• 再翻坛。贮存 3～4 个月时,必须再次翻坛。即将上层的蛋翻到下层,下层的蛋翻到上层,使整坛的蛋糟渍均匀。同时作一次质量检查,剔除次劣糟蛋。翻坛后的糟蛋仍浸在料糟内贮于库内,加盖密封,再经 2～3 个月糟蛋完全成熟。蛋膜不破、蛋质软嫩、色泽红黄、气味芳香,即可食用或包装销售。

# 参考文献

[1] 黄德智. 新版肉制品配方[M]. 北京：中国轻工业出版社,2002.

[2] 周光宏,彭增起,李红军等. 畜产品加工学[M]. 北京：中国农业出版社,2011.

[3] 李晓东. 蛋品科学与技术[M]. 北京：化学工业出版社,2005.

[4] 周光宏. 畜产品加工学[M]. 北京：中国农业出版社,2002.

[5] 周光宏. 肉品加工学[M]. 北京：中国农业出版社,2008.

[6] 周光宏,彭增起,李洪军等. 畜产品加工学(第二版)[M]. 北京：中国农业出版社,2011.

[7] 葛长荣,马美湖,马长伟等. 肉与肉制品工艺学[M]. 北京：中国轻工业出版社,2002.

[8] 杨廷位,虎七金,杨瑢等. 畜禽产品加工新技术与营销[M]. 北京：金盾出版社. 2011.

[9] 李晓东. 蛋品科学与技术[M]. 北京：化学工业出版社,2005.

[10] 刘登勇,周光宏,徐幸莲. 国外的肉制品分类与编码方法[J]. 肉类工业,2005,(12):37—40.

[11] 周光宏,罗欣,徐幸莲等. 中国肉制品分类[J]. 肉类研究,2008,(10):3—5.

[12] 顾佳升,龚林妹,夏静. 我国液态奶产品的系统分类和命名

[J].食品工业,2004,(1):23—24.

[13]苏春山,王银龙,闵连吉等.肉制品加工技术经验交流(之二)肉制品的原料选择和辅助材料[J].食品科学,1981,(5):53—58.

[14]蒋丽施.肉品新鲜度的检测方法[J].肉类研究,2011,(1):46—49.

[15]郭玉华,吴新颖.肉制品加工中使用的辅料(一)调味品在肉制品加工中的应用[J].肉类研究,2010,(9):55—60.

[16]王会娟,路琳,白艳红,于淑娟.我国肉与肉制品防腐剂的应用[J].肉类工业,2005,(2):42—43.

[17]顾佩勋.白斩鸡软罐头的加工工艺[J].中国家禽,2005,(16):48.

[18]农民科技培训编辑部.盐水鸭制作技术[J].农民科技培训,2011,(7):37.

[19]郑坚强.酱肉(乳)鸽的制作工艺[J].肉类研究,2004,(1):44—45.

[20]杨帅,杨阳,杨长长.闽山糟肉的加工制作[J].农产品加工,2007,(4):26.

[21]赵晓霞,尼其良,才光宇.速冻肉制品热狗香肠的加工[J].肉类工业,1997,(8):31—32.

[22]李雨露.哈尔滨红肠的加工工艺[J].肉类工业,2002,(5):16—17.

[23]骆承庠.第三讲牛乳的物力特性[J].乳品工业,1977,(1):59—67.

[24]张和平,李彦贤.奶皮子的制作及理论[J].中国乳品工业,1994,(1):31—38.

[25]赵红霞,李应彪.奶皮子的制作及其贮藏期间理化性质的变化[J].乳业科学与技术,2010,(3):122—124.

[26]裘永良.禽蛋的结构及各组成部分的功能[J].养禽与禽病

防治,1995,(3):28.

[27]刘通山.养鸡技术讲座第三十四讲鲜蛋的贮藏[J].甘肃畜牧兽医,1989,(6):30-32.

[28]刘立民.鲜蛋的冷藏保鲜[J].农产品加工,2009,(2):28-29.

[29]饶先华.禽蛋长效保鲜(300天)技术[J].中国禽业导刊,1999,(9):24-25.

[30]黎洁.利用灰矾液贮蛋保鲜[J].农村新技术,2011,(16):65.

[31]李雪斌,伍广,江章应,李忠等.浅析禽蛋的保鲜与加工技术[J].大众科技,2008,(12):157-159.

[32]陈正斌.无铅松花蛋的加工[J].农产品加工,2009,(7):23-24.

[33]王晋杰,多桂兰.无铅松花鸡蛋加工技术[J].现代农业,1998,(12):19.

[34]于海杰,马付祥.鹌鹑松花蛋加工新技术[J].农村实用工程技术,1996,(5):26.

[35]滢,后洁.糟蛋的加工技术[J].吉林农业,2009,(9):34.

[36]SB/T10656-2012.中华人民共和国国内贸易行业标准[S].北京:中国标准出版社,2012.

[37]GB2760-2011.食品安全国家标准食品添加剂使用标准[S].中华人民共和国卫生部,2011.

[38]Gösta Bylund.乳品加工手册(Dairy Processing Handbook).Tetra Pak Processing Systems AB,2003.